室内装修
——谨防人类健康杀手

张国强　喻李葵　编著

戴自祝　主审

龚震西　插图

资助：

国家自然科学基金项目(50078020)

国家留学基金项目

北京市教委科研项目(0IKJ-067)

中国建筑工业出版社

图书在版编目(CIP)数据

室内装修——谨防人类健康杀手/张国强,喻李葵编著.
—北京:中国建筑工业出版社,2002
ISBN 7-112-05346-3

Ⅰ.室… Ⅱ.①张… ②喻… Ⅲ.室内装修-空气污染-影响-健康-研究 Ⅳ.X503.1

中国版本图书馆 CIP 数据核字(2002)第 075433 号

室内装修
——谨防人类健康杀手

张国强 喻李葵 编著

戴自祝 主审

龚震西 插图

*

中国建筑工业出版社出版、发行(北京西郊百万庄)

新 华 书 店 经 销

北京同文印刷有限责任公司印刷

*

开本:850×1168毫米 1/32 印张:6¼ 字数:165千字
2003 年 1 月第一版 2004 年 5 月第二次印刷
印数:3001-4000 册 定价:15.00 元
ISBN 7-112-05346-3
TU·4685 (10960)

本社网址:http://www.china-abp.com.cn
网上书店:http://www.china-building.com.cn

随着人们生活水平的提高，居住者已不再满足只拥有住房，而是要求一个舒适、优美、典雅的生活环境，因此，室内装修越来越普及，装修档次越来越高，装修材料越来越新颖。但是，正是由于这些新颖装修材料中含有不少的有害成分，给室内环境造成严重污染。近两年，由于装修给人们身体健康造成危害已成热门话题。对此，国家特别重视，已陆续颁布了一系列标准和法规。

本书综合论述了室内装修给人们身体健康造成危害的各种因素，系统地介绍了室内环境与室内装修的关系、室内环境中的污染物、正确的室内装修、装修材料的正确选用、室内环境的检测标准以及室内环境污染的治理等方面的内容，是我国第一本系统地介绍室内装修与室内环境相互关系的读物，对我国家庭的绿色室内装修起着具体的指导作用，因此很值得一读。

本书的读者对象主要为建筑师、室内设计师、室内装修人员、新装修的住户、近年曾进行装修的住户、准备装修的用户以及所有热爱健康生活的人们。

＊   ＊   ＊

责任编辑：姚荣华

序　言　1

　　人类生命的大部分时间是在室内环境中度过。因此,我们希望室内环境不仅能够保证我们的舒适,如适当的温度、湿度和声、光条件,而且要保证不会因为较高浓度的化学污染物和微生物危害我们的身体健康。室内空气污染来源于多种因素,如室外空气污染、采暖通风空调系统、建筑构造和装修等使用的材料以及我们人类的活动等。人类早已认识到了烟雾、一氧化碳和甲醛等的危害,但最近才认识到另外一些污染物的微妙但可能是长期的影响,如苯、挥发性有机化合物、氡、吸烟、氨和空气中的颗粒污染物等。在这些污染物中,有许多来自于建筑材料和装修材料。尽管装修的初衷是为了提高我们的生活质量,使我们更加舒适,但室内空气污染引起与建筑相关的疾病和症状,却最终导致工作效率下降、缺勤和医疗费用的增加。因此,室内环境应该把对健康的负面影响降低到最低的程度。特别是,住宅室内装修不仅要艺术化、美观、舒适,而且还要健康。

　　本书综合性地论述了该问题的各个方面,让读者注意到从建筑装修材料,如涂料、石材、陶瓷材料、瓷砖、地板、家具等散发出来的污染物对健康的潜在影响。这些对建筑师、室内设计师和居民选择适当的室内装饰材料具有重要的参考价值。书中还讨论了装修完工后尽量避免室内污染的方法、室内污染物的检测以及如何通过遵守相关室内环境法规和采用有关技术措施达到健康建筑的方法。

　　世界卫生组织对这本重要的和组织良好的书籍在中国的出版表示欢迎,因为在世界卫生组织的工作计划中,室内空气污染非常重要:我们有一个专门的"居住与环境健康"计划。可以预料,该书的出版将对中国建筑室内环境的改进具有重要的意义。我们认为,该书对建筑师和其他建筑技术人员的日常工作和对居民进行健康的装修将非常有用。我们赞赏该书作者为达到人类舒适和健康的室内环境所作的深入、系统的工作。世界卫生组织希望看到该书在中国的广泛发行和推广。

世界卫生组织
居住与环境健康计划
人类环境保护部
空气污染科学家

Dietrich Schwela 博士
2002 年 8 月 9 日

PREFACE 1

It is the indoor environment where we spend most of our time.
We therefore expect that our indoor environment will not only be
comfortable, having appropriate temperature, humidity, lighting
and sound conditions but also will not threaten our health through
high levels of chemical air pollutants and microbial agents. Indoor
air pollution originates from outdoor air pollution, building materi-
als, the heating, ventilating and air conditioning system installed,
the material used for objects of residential decoration, and our own
activities. We have long known the threats to health of smoke, car-
bon monoxide, and formaldehyde; but the awareness of subtle and
sometimes long-term effects of other air pollutants such as benzene,
volatile organic compounds, radon, tobacco smoke, ammonia, and
fine particulate matter has emerged only recently. Many of these
pollutants are emitted from construction materials and from the ma-
terials used for residential decoration that are designed for our well-
being and comfort. Indoor air pollution may cause building-related
illnesses and symptoms, which may lead to substantial absences from
work and school and medical costs. The indoor environment, there-
fore, should have acceptable low risks for adverse health effects. In
particular, residential decoration should not only be artful, attractive
to the eye, and comfortable but also healthy.

This book addresses these new issues in a comprehensive way
and directs our attention to becoming aware of the potential threats
from emissions of air pollutants from paints, stone and ceramic ma-
terials, wainscots, floor boards, furniture, and other materials used
in the building and for residential decoration. It gives advice to
building architects, interior design architects and building occupants

on correct choices of materials for indoor decoration in order to prevent adverse health effects, and discusses improvement measures after decorative objects have been found to emit unwanted air pollutants. It also covers the inspection of the indoor environment, the generation of healthy buildings by compliance with indoor environment standards and mitigation measures.

WHO welcomes the publication of this important and well-written book, since indoor air pollution is high on the agenda of its programme on Occupational and Environmental Health. It is anticipated that this work will decisively contribute to the improvement of the indoor environment in Chinese buildings. WHO feels that architects and other building-related practitioners will find the book very useful for their daily work; as well as will building occupants in their decision on which material to choose for their residential decoration. WHO commends the authors for their thorough and scientifically sound work in the multidisciplinary field of achieving a comfortable and healthy indoor environment. WHO wishes to see a wide distribution of this useful document.

Dietrich Schwela, Ph. D
Air Pollution Scientist
Department of Protection of the Human Environment
Occupational and Environmental Health Programme
World Health Organization, Geneva

序　言　2

　　人类总是在寻找各种方式创造更加好的和更加舒适的生活条件。在这个过程中，首先是保证基本的生活必要条件，然后探索满足更加高级的需求，如对精神、审美甚至豪华享受的需求。

　　在人类生活的必需品中，住房占有重要位置。在人类历史上，住房首先是给人类机体功能的正常运行提供庇护场所：首先是保证合适的温度，同时保护人类免受其他气象因素如雨雪、风、高湿度，其他环境因素如昆虫和空气污染等的影响。早期文明的人类非常依赖于自然环境，他们的住房是自然环境的一部分或者与自然环境协调一致。渐渐地，住房附加了很多功能。如今，人类希望住房能够提供满足各种活动的条件，还有住房内外表面的审美价值。

　　在过去的几十年里，新材料科技的高速发展明显地改变了房屋建造和装修的传统方法。新材料和新设计方法似乎让人们感觉到能够自由地进行建筑设计和建设。而在改进建筑的功能、舒适和审美的过程中，人们忽略了重要的两个方面：建筑对人类健康和良好状态的影响，以及建筑对区域环境和全球环境的影响。

　　室内环境对人体健康和良好状态有重大影响，这已经成为不争的事实。这种影响包括离开了房间就消失的症状和心理影响，也包括长期的疾病。根据最新调查统计，室内空气污染已经成为全球第一号健康问题。现代人类生命的90%以上时间在室内度过，而最容易受污染影响的群体如老、幼、病人则可能在室内的时间是100%。由于有室内污染源如建筑材料和制品、家具、消耗品、烹饪、供热和吸烟等的存在，比起室外，室内污染物的种类更多，浓度更高。国际性的能源危机，使得为节约能源，将建筑建造得更加密封,导致了室内污染物的聚集和环境质量的下降。

为了让我们生活、工作和娱乐的室内环境能够真正有利于我们的健康和良好状态,有利于儿童的健康成长,我们应该利用一切可能的科学技术来设计、建造我们的房屋。这不仅是设计师、建筑公司或建筑材料供应商的责任,而且是我们每个人的责任:因为我们每个人都是自己生活的设计师。您手上的这本书将使您了解,也能使您让别人了解,如何装修我们的房屋,达到既美观又有利于健康的目的。

国际室内空气品质与气候学会主席
Lidia Morawska 博士
2002 年 9 月 9 日

PREFACE 2

Over the centuries and millennia humans have been pursuing ways for creating better and more comfortable conditions for their existence on the Earth. In this process they were in the first instance ensuring the fulfilment of basic necessities of human life but far and above these, more advanced needs including spiritual, aesthetical or even luxury have always been addresses as well.

On the list of necessities for humans to function, a house takes one of the top places. The purpose of housing throughout history has been to provide shelter for humans and to enable them to live under conditions that are right for bodies to function. This means in the first instance the right temperature, but obviously protection against other meteorological factors like rain/snow, wind, high humidity, and also environmental factors such as insects or air pollution. People of early civilizations were very dependent on the natural environment, which they inhabited and thus their houses were part of that environment adapted for living purposes or were constructed in harmony with the environment. Gradually, other purposes of houses have been added to its basic function as a shelter. Today, in addition to fulfilling this basic objective, people expect much more from houses including in the first instance functionality and ability to serve the purpose of various activities. Highly regarded is also the aesthetic of the house interior and exterior.

Over the last few decades rapid progress in the science and technology of new materials has resulted in significant changes to the traditional ways houses are built and decorated. New building materials were manufactured and advanced building designs created, giving humans the perception of freedom from any environmental constrains in building planning and construction. In the process of improving house functionality, comfort and aesthetics, not realized, however, were the links between housing design and human health and well-being and that houses and the way they are operated have a significant impact on the local and global environment.

It has now been proven beyond any doubt that the indoor environment has a profound effect on health and well-being of the occupants. The effects range from symptoms and psychological effects that disappear after leaving the building to long-term disease. According to the newest mortality statistics, indoor air pollution is the world's number one human health problem. In the modern age humans spend over 90% of time indoors, often in environments effectively isolated from outdoor influences. The most susceptible segments of the population: the very young, old and sick spend close to 100% of their time indoors. The concentration levels and number of pollutants could be much higher indoors than outdoors due to the presence of indoor-specific sources. These include a large range of building materials and products, furnishing, consumer products, cooking, heating or tobacco smoking. The global energy crisis resulted in efforts to reduce energy consumption and to isolate the indoor from the outdoor environment, which in turn has been shown to result in additional deterioration of indoor air quality and the quality of the indoor environment.

It is now time to use all the science and the technology available, to design, construct and decorate our houses, offices, buildings where we work, study or play in a manner that our health and well-being be protected and where children would have conditions to grow and develop in a healthy environment. This is the responsibility not only of builders, designers or material manufacturers, but a responsibility of each individual; as each of us is a designer and builder of our own life. The book in your hand will enable you to learn and teach others how to decorate our houses to make them not only look good but be healthy as well.

Lidia Morawska, Ph. D

President

International Society of Indoor Air Quality and Climate

前　　言

　　室内环境是人们生活和工作中最重要的环境。良好的室内环境应是一个能为大多数室内成员认可的舒适的热湿环境、光环境、声环境和电磁环境，同时也能够为室内人员提供新鲜宜人、激发活力并且对健康无负面影响的高品质空气，以满足人体舒适和健康的需要。

　　与一般的环境污染相比，室内环境污染具有其独特的性质：

　　(1) 影响范围大：室内环境污染不同于其他的工矿企业废气、废渣、废水排放等造成的环境污染，影响的人群数量非常大，几乎包括了整个现代社会。

　　(2) 接触时间长：人类在室内的时间达到生命长度的80%～90%，人体长期暴露在室内环境的污染中，接触污染物的时间比较长。

　　(3) 污染物浓度低：室内环境污染物相对而言一般浓度都较低，短时间内人体不会出现非常明显的反应，而且不易发现病源。

　　(4) 污染物种类多：室内污染物的种类可以说是成千上万，到目前为止，已经发现的室内污染物就有3000多种。不同的污染物同时作用在人体上，可能会发生复杂的协同作用。

　　(5) 健康危害大：愈来愈多的科学证据显示，不良的室内环境与一系列健康问题和不适有关，这些毛病包括呼吸道和感觉器官的不适，全身无力，有的甚至可以危害人的生命。

　　影响室内环境的因素有许多，其中最重要的因素之一就是室内装修带来的污染。

随着我国人民生活水平的提高，人们已不再仅仅只满足于拥有住房，而是要求一个舒适、优美、典雅的居住环境，因此，室内装修越来越普及，装修的档次也在不断的提高，使用的建筑和装修材料也越来越新颖。但是，正是由于这些新颖的建筑和装修材料，在它们中间经常含有不少的有害成分，使用时这些有害成分会不停地从材料中释放出来，这就给室内环境造成污染。

近年来，由于装修导致室内环境恶化，影响居民身体健康的问题已受到我国政府、公众和研究人员的极大重视。政府方面，国家已经正式颁布了《民用建筑工程室内环境污染控制规范》等国家标准；公众方面，多种媒体曾报道由于新建居室室内污染物超标而引起的居民与房地产商或装修公司的司法诉讼；研究方面，越来越多研究人员正在投身于这方面的工作，许多相关的项目也在如火如荼地进行。但是，由于我国对室内环境的研究时间还不长，因此对室内环境的认识非常有限，有关这方面的资料更加缺乏，这就使得人们对室内环境的认识出现了很大的混乱，一些不实的传言、对室内环境污染的过分恐慌等都在公众中非常有市场。

其实，出现了室内环境污染并不可怕，怕的是对室内环境污染的不了解。如果对室内空气品质有了正确的认识，我们不仅可以避免室内环境污染的发生，而且即使在出现了室内环境污染的情况下，我们也能够正确地处理。这正是本书的目的。

本书共分为六章，系统地介绍了室内环境与室内装修的关系、室内环境中的污染物、正确的室内装修、装修材料的正确选用、室内环境的检测标准以及室内环境污染的治理等方面的内容。作者试图系统地介绍室内装修与室内环境的相互关系，希望对我国家庭的绿色室内装修起到一定的参考作用。

本书的读者对象主要为建筑师、室内设计师、室内装修人员、新装修的住户、近年曾进行装修的住户、准备装修的用户以及所有热爱健康生活的人们。

本书由张国强、喻李葵编著，邹越、欧阳浪琴、余跃滨参加编写工作。戴自祝教授审阅了全书,世界卫生组织专家 Schwela 博士和国际室内空气品质与气候学会主席 Morawska 博士为本书撰写了序言,龚震西绘制了插图,作者在此一并表示诚挚的谢意。

作者于长沙岳麓山

目　　录

第1章 概　　述

　　室内环境是人们生活和工作中最重要的环境。良好的室内环境应是一个能为大多数室内成员认可的舒适的热湿环境、光环境、声环境和电磁环境，同时也能够为室内人员提供新鲜宜人、激发活力并且对健康无负面影响的高品质空气，以满足人体舒适和健康的需要。

　　在室内环境中，室内空气品质是最重要的一个方面。一个人在缺少食物和水的环境下，可以生存相当长的时间，但是如果缺少空气，5分钟之内就会窒息死亡。这就是说，当我们面临着空气污染时，我们没有时间等待，也没有别的选择。据世界卫生组织统计，在现代社会中，80%的人类疾病都与空气污染有关。

　　空气污染可以分为室外空气污染和室内空气污染两类。二次世界大战结束后，随着全球工业化进程的加快，室外空气污染在世界上得到了广泛的重视，但是，室内空气污染却一直未能引起人们的注意，这种情况直到1980年后才有所改善。现在，由于人们对室内空气污染的认识加深，室内空气污染目前已经引起全球各国政府、公众和研究人员的高度重视，并从而诞生了一门崭新的学科：室内空气品质(Indoor Air Quality，简称IAQ)。这主要是由于以下几方面的原因：

　　(1)室内环境是人们接触最频繁、最密切的环境。在现代社会中，人们至少有80%以上的时间是在室内度过的，与室内空气污染物的接触时间远远大于室外。因此，室内空气品质的优劣能够直接关系到每个人的健康。

　　(2)室内空气中污染物的种类和来源日趋增多。由于人们生活水平的提高，家用燃料的消耗量、食用油的使用量、烹调菜肴的种类和数量等都在不断的增加。另外,随着工业生产的发展,大量挥发出有害物质的建筑材料、装饰材料、人造板家具等产品不断地进入室内。这都使得人们在室内接触的有害物质的种类和数量比以往明显增多。据统计,至今已发现的室内空气中的污染物就有3000多种。

(3) 建筑物密封程度的增加,使得室内污染物不易扩散,增加了室内人群与污染物的接触机会。随着世界能源的日趋紧张,包括发达国家在内的许多国家都十分重视节约能源,因此,许多建筑物都被设计和建造得非常密闭,以防室外过冷或过热的空气影响到室内的适宜温度。这就严重影响了室内的通风换气,使得室内的污染物不能及时排出室外,在室内造成大量的聚积,并使得室外的新鲜空气不能正常地进入室内,从而严重地恶化了室内空气品质,对人体健康造成极大的危害。

当前,室内空气污染已成为许多国家极为关注的环境问题之一,室内空气品质的研究也已成为了建筑环境科学领域内的一个新的重要组成部分。2001 年 10 月在湖南大学召开的"第四届室内空气品质、通风与建筑节能国际学术会议"上,来户全球 30 个国家和地区的 300 名专家都一致认为:非工业建筑中的室内空气品质对人类的健康有着巨大的影响,是解决室内环境问题的最重要方面。

1.1 什么叫室内空气品质?

1.1.1 室内空气品质的定义

室内空气品质(Indoor Air Quality,简称 IAQ)的定义在最近的 20 多年内经历了许多的变化。最初,人们把室内空气品质几乎等价为一系列污染物浓度的指标。近年来,随着人们对室内空气品质认识的加深,人们发现这种纯客观的定义已不能完全涵盖室内空气品质的内容,因此,又出现了许多新的室内空气品质的定义。

在 1989 年的国际室内空气品质研讨会上，丹麦技术大学教授P. O. Fanger 提出：品质反映了人们要求的程度，如果人们对空气满意，就是高品质；反之，就是低品质。而英国的建筑设备工程师学会(Chartered Institute of Building Services Engineers，简称 CIB-SE)则认为：少于 50％的人能察觉到任何气味，少于 20％的人感觉不舒服，少于 10％的人感觉到黏膜刺激，并且少于 5％的人在不足 2％的时间内感到烦躁，则可认为此时的 IAQ 是可以接受的。以上两种定义都将 IAQ 完全变成了人们的主观感受。

关于室内空气品质定义的飞跃出现在最近几年。美国供暖制冷及空调工程师学会(American Society of Heating, Refrigerating and Air - conditioning Engineers，简 称 ASHRAE)颁 布 的 标 准ASHRAE 62-1989《满足可接受室内空气品质的通风要求》将室内空气品质定义为：良好的室内空气品质应该是"空气中没有已知的污染物达到公认的权威机构所确定的有害浓度指标，并且处于这种空气中的绝大多数人(≥80％)对此没有表示不满意"。这一定义体现了人们认识上的飞跃，它把客观评价和主观评价结合起来。不久，该组织在其修订版 ASHRAE 62-1989R 中，又提出了可接受的室内空气品质(Acceptable indoor air quality)和感官可接受的室内空气品质(Acceptable perceived indoor air quality)等概念。

可接受的室内空气品质：在居住或工作环境内，绝大多数的人没有对空气表示不满意；同时空气内含有已知污染物的浓度足以严重威胁人体健康的可能性不大。

感官可接受的室内空气品质：在居住或工作环境内，绝大多数的人没有因为气味或刺激性而表示不满意。它是达到可接受的室内空气品质的必要而非充分条件。

由于室内空气中有些气体，如氡、一氧化碳等没有气味，对人也没有刺激作用，不会被人感受到，但对人的危害却很大，因而仅用感官可接受的室内空气品质是不够的，必须同时引入可接受的室内空气品质。

另外,世界卫生组织(World Health Organization,简称 WHO)建议:"在非工业室内环境内,不必要的带气味的化合物浓度不应超越 ED50 检测阈限。同样地,感官刺激物的浓度亦不应超越 ED10 检测阈限(ED50 是指在第 50 个百分间隔内的有效剂量)。"

相对于其他定义,ASHRAE 62-1989R 中对室内空气品质的描述最明显的变化是它涵盖了客观指标和人的主观感受两个方面的内容,比较科学和合理。因此,尽管当前各国学者对室内空气品质的定义仍存在着一定的偏差,但基本上都认同 ASHRAE 62-1989R 中提出的这个定义。

1.1.2 人们对室内空气品质的认识

虽然"室内空气品质"是一个比较新的名词,但有关室内空气品质的问题却存在已久,早在人类开始建造房屋用来遮风避雨的时候就已经出现。

以前,人们把资源和注意力主要集中在如何控制室外空气污染问题上。20 世纪 70 年代全球性的石油危机爆发以后,为节省建筑能源消耗,空调建筑中普遍减少室外空气的供应量,因而不足以稀释在室内积聚的空气污染物,故出现了大量有关"病态建筑综合症"的报道。自此以后,公众对非工业建筑室内污染物的影响愈来愈关注。

"病态建筑综合症"是由于在恶劣的室内空气品质的环境中居民健康和舒适的一种不良反应,它表现为一系列相关非特异性症状。

研究表明,恶劣的室内空气品质会使室内工作人员的生产力受到影响,具体表现为高缺勤率及工作效率降低等现象。根据美国职业安全及健康管理局(OSHA)的估计,商业机构因恶劣室内空气品质而导致每名员工每日减少 14 至 15 分钟的工作时间(美国联邦注册署 1994 年资料)。恶劣的室内空气品质还会导致直接医疗费用的增加。根据另一项美国研究估计,恶劣空气品质所引致的总经济损失(包括直接医疗成本及因严重疾病而导致的工作效率下降)每年达 47 亿至 54 亿美元。实际数字可能比这还要高,因为该数据尚未包括恶劣空气品质对建筑材料及器材所造成的损害,例如真菌污染而产生的费用。

目前,由于对室内空气品质的研究时间还不长,因此对室内空气品质的认识也有限。在我国,更由于资料的缺乏,对公众的教育不够,因此人们对室内空气品质的认识出现了很大的混乱,一些不实的传言、对室内空气污染的过分恐慌等都在公众中非常有市场。

其实,室内空气污染并不可怕,怕的是对室内空气污染的不了解。如果对室内空气品质有了正确的认识,我们不仅可以避免室内空气污染的发生,而且即使在出现了室内空气污染的情况下,我们也能够正确地处理。这也正是我们编写这本书的目的。

1.1.3 室内空气品质的评价

室内空气品质评价是认识室内环境的一种科学方法,是随着人们对室内环境重要性认识的不断加深所提出的新概念。在评价室内空气品质时,一般采用量化监测和主观调查结合的手段,即采用客观评价和主观评价相结合的方法。

一、客观评价

客观评价是直接测量室内污染物的浓度来了解、评价室内空气品质。由于涉及到室内空气品质的低浓度污染物很多,不可能每种都进行测量,因此需要选择具有代表性的污染物作为评价指标,来全面、公正地反映室内空气品质的状况。由于各国的国情不同,室内污染特点也不一样,人种、文化传统与民族特性的不同,也造成对室内环境的反应和接受程度上的不同,所以选取的评价指标也有所不同。一般地,客观评价选用二氧化碳、一氧化碳、甲醛、可吸入颗粒物,加上温度、相对湿度、风速、照度及其噪声等 12 个指标,全面、定量的反映室内环境。当然,上述评价指标可以根据具体评价对象适当增减。

二、主观评价

主观评价主要是通过对室内人员的询问得到的,即利用人体的感觉器官对环境进行描述与评价工作。室内人员对环境接受与否是属于评判性评价,对室内空气感受程度则属于描述性评价。

人被认为是测量室内空气品质的最敏感的仪器。利用这种评价方法,不仅可以评定室内空气品质的等级,而且也能够验证建筑物内是否存在着病态建筑综合症。但是,作为一种以人的感觉为测定手段(人对环境的评价)或为测定对象(环境对人的影响)的方法,误差是不可避免的。由于人与人的嗅觉适应性不同以及对不同的污染物的适应程度不一定相同,在室内的人员和来访者对室内空气品质的感受程度经常不一致。另外,有时候利用人们的不满作为改进和评价建筑物性能的依据,也是非常模糊的,因为人们的不满常常是抱怨头痛、疲乏,或不喜欢室内家具、墙壁的颜色等等,很难弄清楚什么是不满意的真正原因。

1.1.4 室内空气品质研究的进展

一、早期的研究工作

早期关于室内空气品质的工作主要涉及工业建筑内工作人员职业病的预防,例如,放散大量石棉粉尘的工业建筑内工作人员职业病的预防。工业建筑内空气污染的特点是污染物浓度较高,人们的认识、处理和预防措施都比较直接和相对容易。

二、现在的研究重点

另外一类建筑是非工业建筑,包括住宅、办公室、学校教室、商场等公共建筑。近10年来,非工业建筑的室内空气品质在发达国家受到了越来越多的重视,成为了现在的研究重点。但是,在非工业建筑中,由于居民是长期暴露于多种低浓度的空气污染物中,和工业建筑中高浓度污染物相比,人们的认识、研究、政府指定法律和采取的措施方面都有更大的难度,原因在于:

(1) 污染物对人体健康的影响缺乏可靠数据;

(2) 难以检测低含量的污染物;

（3）污染物之间存在潜在相互作用；

（4）不同建筑居民对空气污染物的敏感程度不相同；

（5）许多外在因素可能掩盖室内空气品质对建筑居民影响的真正关系；

（6）维持良好室内空气品质所需要考虑的因素众多，并且涉及多个不同领域——公众卫生、职业健康、建筑装饰、建筑材料、工程标准等多个政府部门的职责。

1.2 不良室内空气品质对人类健康的危害

根据世界卫生组织的定义，健康是指"身体、精神及社会福利完全处于最佳健康状态，而不单只是并无染上疾病或虚弱"（国际组织 1968～1969 年报）。

愈来愈多的科学证据显示，不良的室内空气品质与一系列健康问题和不适有关。这些毛病包括呼吸道和感觉器官的不适，全身无力，有的甚至可以危害人的生命。由不良的室内空气品质带来的健康问题一般可分为以下两大类：病态建筑综合症和建筑并发症。

1.2.1 病态建筑综合症

一、"病态建筑综合症"及其症状

"病态建筑综合症"（Sick Building Syndrome，简称 SBS）通常是指因占用某指定建筑而产生的一系列相关非特定症状的统称。不良的室内空气品质，再加上工作所带来的社会心理的压力，使得生活在某些建筑内的人容易感染"病态建筑综合症"。"病态建筑综合症"的有关症状如下：眼睛不适、鼻腔及咽喉干燥、全身无力、容易疲劳、经常发生精神性头痛、记忆力减退、胸部郁闷、间歇性皮肤发痒并出现疹子、头痛、嗜睡、难于集中精神和烦躁等现象。但当患者离开该建筑时，其症状便会有所缓和，有的甚至会完全消失。

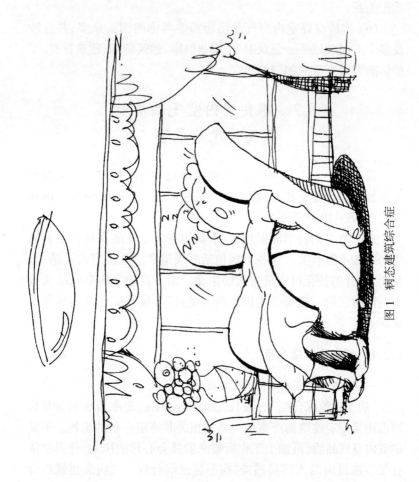

图 1　病态建筑综合症

二、"病态建筑综合症"的诊断基准

对于"病态建筑综合症",有两种广泛采用且相似的诊断基准:一种出现较早,来自丹麦的 L.Molhave 博士,并被世界卫生组织所采用;另一种出现较晚,来自欧洲室内空气质量及其健康影响联合行动组织。

L.Molhave 博士/世界卫生组织基准:绝大多数室内活动者主诉有症状;在建筑物或其中部分,发现症状尤其频繁;建筑物中的主诉症状不超过下列五类(感觉性刺激症;神经系统和全身症状;皮肤刺激症;非特异性过敏反应和嗅觉与味觉异常);其他症状,如上呼吸道刺激症,内脏症状并不多见;症状与暴露因素及室内活动者敏感水平没有可被鉴定的病因学联系。

欧洲室内空气质量及其健康影响联合行动组织基准:该建筑中大多数室内活动者必须有反应;所观察的症状和反应属于以下两组(A.急性心理学和感觉反应:皮肤和黏膜感觉性刺激症;全身不适,头痛和反应能力下降;非特异性过敏反应,皮肤干燥感和主诉嗅觉或味觉异常。B.心理学反应:工作能力下降,旷工旷课;关心初级卫生保健和主动改善室内环境);眼、鼻咽部的刺激症状必须为主要症状;系统症状(如胃肠道)并不多见;症状与单一暴露因素间没有可被鉴定的病因学联系。

三、"病态建筑综合症"的起因

导致"病态建筑综合症"的原因多种多样,其中,不良的室内空气品质是一个非常重要的因素,它可以直接诱发"病态建筑物综合症"。

室内存在着各种各样的室内空气污染源,首先最主要的是建筑装修材料,包括砖石、土壤等基本建材,以及各种填料、涂料、板材等装饰材料,它们能产生各种有害有机物、无机物,主要包括甲醛、苯系物以及放射性氡。其次是室内设备和用品在使用过程中释放出来的有害气体,如复印机等带静电装置的设备产生的臭氧,燃料燃烧及烹调食物过程中产生的烟气,使用清洁剂、杀虫剂等所产生的有机化学污染物。三是人体自身的新陈代谢及人类活动的挥发成分。夏天易出汗,会把皮肤中的污物带入空气中;冬天空气干燥,人体会生成较多的皮屑和头屑;入夜安睡后卧室里充满了二氧化碳的酸气。

上述污染物在室内空气中的含量通常是很低的,但如果逐渐积累,形成一种积聚效应,就会诱发"病态建筑综合症"。

四、空调与"病态建筑综合症"

相对于自然通风的建筑来说,"病态建筑综合症"似乎在安装有空调的建筑内出现的机会较大。这是因为:

(1)自 20 世纪 70 年代全球能源危机以来,人们为了节能,普遍提高了建筑的密闭性并降低了新风量标准,这就使本来就不足的新风稀释室内污染物的功能更是不堪重负,导致大量有害气体在室内积蓄。

(2)一些空调系统可能设置不当,这使得某些局部地区的有害气体可以通过空调系统散播至建筑的每一角落。

(3)室内空气经反复过滤后,空气离子的浓度发生了改变,负氧离子数目显著减少而正离子过多,从而影响了空气的清洁度和人体正常的生理活动。

(4)空调系统内的环境很适宜真菌、细菌和病毒等病原微生物的孳生和繁殖。

(5)空调系统可造成室内、外环境条件(包括气温、湿度、气流和辐射等)相差悬殊,易使人感冒;室内干燥,易刺激人的鼻腔、咽喉黏膜而降低人体抗感染能力;常用循环空气造成室内、外空气交换减少,空气污浊使疾病易于传播。

(6)空调房间内自然采光和照明往往不足,也使得室内的细菌、病毒和真菌等病原体容易存活,威胁人体健康。

据有关专家统计,在有空调的密闭室内,5 至 6 小时后,室内氧气下降 13.2%,大肠杆菌升高 1.2%,红色霉菌升高 1.11%,白喉杆菌升高 0.5%,其他呼吸道有害细菌均有不同程度的增加。正是长期处在这种环境中工作生活的人,往往会不知不觉地感染上"病态建筑综合症"。

五、"病态建筑综合症"的危害

虽然"病态建筑综合症"不会危害生命或导致永久性伤残,这种病症对受影响的建筑居民,以至他们所工作的机构均有着重大的影响。"病态建筑综合症"往往会导致较低的工作效率和较高的缺勤率,并会导致员工的流失率增加。此外,公司需要增拨更多资源来解决有关的投诉,而且劳资关系会变得较差。

1.2.2 建筑并发症

根据 1991 年欧洲室内空气质量及其健康影响联合行动组织的定义,"建筑并发症"(Building Related Illness,简称为 BRI)是指特异性因素已经得到鉴定,并具有一致临床表现的症状。这些特异的因素包括过敏原、感染原、特异的空气污染物和特定的环境条件(例如空气温度和湿度)。"建筑并发症"包括多种不同的疾病:过敏性反应、军团杆菌病(退伍军人症)、石棉肺等。经临床诊断,这些疾病的起因都与建筑内空气污染物有关,都可以准确地归咎于特定或确证的成因。

一、过敏性反应

过敏性反应根据诱发的原因的不同,可以分为以下几类:

(1) 由若干品种的真菌所引致的过敏性局部急性肺炎;

(2) 对甲醛的过敏性反应;

(3) 由尘螨引起的哮喘。

二、军团杆菌病

军团杆菌病是由嗜肺军团杆菌引起的以肺炎为主的急性感染性疾病,有时可发生暴发性流行。军团杆菌病的病原菌主要来自土壤和污水,由空气传播,自呼吸道侵入人体内。

军团杆菌病有两种临床表现,一种以发热、咳嗽和肺部炎症为主,称为军团杆菌病。另一种病情较轻,主要为发热、头痛和肌肉疼痛等,无肺部炎症,称为庞提阿克热,是由毒性较低的病菌所致。

军团杆菌在自来水中可存活 1 年左右,在蒸馏水中可存活 2~4 个月,通常,在土壤和河水中可分离出病菌。军团杆菌可以生活在空调系统的冷水及加湿器、喷雾器内,并通过带水的漂浮物或细水滴的形成,从空气传播军团杆菌病。

军团杆菌病呈世界性分布,一年四季都可发作,但以夏秋两季多见,暴发性流行也大多见于夏秋两季。

大约有1%～5%的军团杆菌受袭者可发病。在所有肺炎病例中,军团杆菌肺炎约占3%～4%,但是,在住院的感染肺炎病人中,军团杆菌肺炎占20%以上。中老年人和幼儿易感染军团杆菌病,另外,男性明显多于女性。长期吸烟是军团杆菌病发病的一个诱因。患有血液病、恶性肿瘤、肾脏病、糖尿病、慢性酒精中毒和肺气肿等免疫力低下的疾病者和使用免疫抑制剂,如激素治疗者容易发生军团杆菌感染。据血清流行病学调查,在正常人群中约1%～2%的人血清中存在军团杆菌特殊抗体,这说明军团杆菌可引起亚临床型感染。

军团杆菌病起病急骤,高热伴寒战,恶心呕吐,有时伴腹痛与水样腹泻,2～3天后出现干咳,胸痛,偶带血丝,但很少有脓性痰。重者还有气急、呼吸困难和意识障碍。病死率约15%。年龄大、有免疫低下等疾病者病死率高,主要死于呼吸衰竭、休克与急性肾功能衰竭。如能及早作痰液、气管内吸取物的细菌培养和直接荧光抗体染色检查病原体可获早期诊断。军团杆菌病如果能早期使用红霉素或利福平治疗,则有显著疗效。此外,加强支持疗法,对症治疗和增加营养,充分休息,保持液体和电解质平衡,适时使用人工呼吸器,抗休克或血液透析疗法均为重要措施。

到目前为止,军团杆菌病尚无有效预防措施,但是,如果加强空调器的供水系统、湿润器和喷雾器等的卫生管理与消毒工作,对减少军团杆菌病的暴发流行可以起到一定的作用。

1.3 室内空气品质的影响因素

影响室内空气品质的因素有很多,主要可以分为以下几类:室外环境的影响、建筑和装修材料的影响、人的活动的影响和暖通空

图2　室外环境对室内空气质量的影响

调系统的影响。

1.3.1　室外环境

一、室外空气对室内空气品质的影响

室外空气中存在着许多污染物,主要的污染物有二氧化硫、氮氧化物、烟雾和硫化氢等。一旦遇到机会,室外空气可以通过门窗、孔隙或管道缝隙等途径进入室内。这些污染物主要来源于工业企业、交通运输工具以及建筑周围的各种小锅炉、垃圾堆等多种污染源。

二、生活用水对室内空气品质的影响

人们除了烹饪、饮水以外,生活上有很多方面需要水,例如清扫房间、淋浴、浇花、空气加湿、室内喷泉等。生活用水在使用时,极易形成水雾,而这些水雾的粒径一般都很小,很容易直接进入人的上呼吸道。如果这些生活用水受到污染,则其中携带的污染物如细菌或化学物质等就可以直接随着水雾进入室内,对室内空气环境造成污染。

三、土壤及房基地对室内空气品质的影响

土壤和房基地的有害因素,主要有两大来源。一个来源是污染,如果土壤和房基地以前曾被使用过,受到了工业废弃物、农药或其他生活废弃物的污染,则它们就会不断的产生有害气体,而这些有害气体可以通过缝隙进入室内。另一个来源是由当地地质理化性状所确定的。有些地区的地质在地球演变过程中,某些元素分布过高,这类地区就称为该类元素的高本底地区。在以后的演变过程中,这些元素就可能会形成气态,从地缝中扩散到室内空气中去。

四、邻里干扰

现代城市中,邻里之间的距离一般都很近,因此,互相的干扰经常发生。由于有些楼房的厨房排烟管道设计不合理,烟道的抽力不够,有时甚至还会将油烟倒灌入室内,因此,许多住户干脆将抽油烟机的排烟管直接通往走廊,将油烟直接排入楼道内。有的楼房设有内走廊,油烟就会沿着内走廊扩散,进入到邻居家中,对邻居家的室内空气品质造成破坏。

五、人为携带入室

人们经常出入居室,很容易将室外的污染物随身带入室内。最常见的是将工作服带入家中,使工作场所的污染物人为地转移到家中。例如铅、铍、苯、石棉等都可以通过这个途径污染室内环境。

1.3.2 建筑和装修材料

随着人们生活水平的提高,人们已不再仅仅满足于拥有住房,而是要求有舒适、优美、典雅的居住环境,于是室内装修越来越得到普及,装修的档次也在不断的提高,使用的建筑和装修材料也越来越新颖。但是,由于这些新颖的建筑和装修材料中可能含有不少的有害成分,它们会不停地从材料中释放出来,因而给室内环境造成污染。

室内建筑和装修用的材料一般有以下几类:

一、无机材料和再生材料

建筑和装修用的无机材料是指这些材料的成分基本上为无机

— 14 —

化合物质,包括金属材料和非金属材料两大类。金属材料有钢铁、铜、铝等,非金属材料有天然石材、陶瓷制品、玻璃、无机纤维材料、凝胶制品等。随着科学技术的发展,有时为了节约,人们还把炼钢的废渣、煤渣等进行利用,制成砖等再生建筑材料。

无机建筑材料以及再生的建筑材料比较突出的健康问题是氡的辐射问题。氡是一种放射性很强的元素,长期接触氡,即使是很低的浓度,也可使室内人群患肺癌的危险增加。

常用于房屋建筑保温、隔热、吸声、防振的泡沫石棉是以石棉纤维为主要原料制成的。在安装、维护和清除建筑物中的石棉材料时,石棉纤维就会飘散到空气中,随着人的呼吸进入体内。时间长了,可造成肺纤维化(石棉肺)、支气管肿瘤、胸膜和腹膜间皮瘤以及其他部位的肿瘤,对居民的健康造成严重的危害。

二、合成隔热板材

建筑节能是近年来世界建筑业发展的基本趋势。建筑节能的措施很多,其中非常重要的一点是在建筑房屋的时候使用保温隔热材料。保温隔热材料一般可分为无机和有机两大类。合成隔热板材是一类常用的有机隔热材料,它是以各种树脂为基本原料,加入一定量的发泡剂、催化剂、稳定剂等辅助材料,经加热发泡制成的。合成隔热板材在合成过程中的一些未被聚合的游离单体或某些成分在使用过程中会逐渐逸散到空气中去。另外,随着使用时间的延长或遇到高温,这些材料会发生分解,产生许多气态的化学有机物质释放出来,造成室内空气的污染。

三、壁纸、地毯

装饰壁纸是目前国内外使用最为广泛的墙面装饰材料,但它在美化了居室环境的同时也对室内的空气质量造成了不良的影响。壁纸装饰对室内空气的影响主要是来自两个方面:一是壁纸本身的有害物质造成的影响。壁纸的另外一个卫生问题是其具有吸附其他室内污染物的作用,还是一些室内致病微生物的孳生地。

地毯是另一种有着悠久历史的室内装饰品,它在使用时也会对室内空气造成不良的影响。纯羊毛地毯的细毛绒是一种致敏源,可引起皮肤过敏、甚至引起哮喘。化纤地毯可向空气中释放甲醛以及其他一些有机化学物质如丙烯腈、丙烯等。地毯的另一种危害是其吸附能力很强,能吸附许多有害气体、飞尘以及病原微生物,尤其是纯毛地毯,它是尘螨的理想孳生和隐藏场所。

四、人造板及人造板家具

家具是室内重要的用品,也是室内装饰的重要组成部分。人造板家具由于其外观漂亮、重量轻、价格便宜等优点,因此被广泛使用。但是,人造板及人造板家具在生产过程中需加入胶粘剂进行粘结,家具的表面还要根据需要涂刷各种油漆,这些胶粘剂和油漆中都含有大量的挥发性有机物。当这些家具在使用时,这些有机物就会不断释放到室内空气中。另外,人造板家具中有的还加有防腐、防蛀剂,如五氯苯酚等,同样的,在使用过程中这些物质也可能释放到室内空气中,从而造成室内空气的污染。

五、涂料

涂敷于物体表面与其他材料很好粘合并形成完整而坚韧的保护膜的物料称为涂料。在建筑上涂料和油漆是同一概念。涂料成膜材料的成分十分复杂,含有很多有机化合物,它们在涂料的使用过程中会释放出大量的有害气体。涂料使用的溶剂基本上都是挥发性很强的有机物,它们原则上不构成涂料,也不应留在涂料中,其作用是将涂料的成膜物质溶解分散为液态,使之易于涂抹,形成固态的涂膜,最后,这些溶剂都要散发到空气中去。另外,涂料中的助剂还可能含有多种重金属以及五氯苯酚等有害物质,它们也会给室内空气造成一定的污染。

六、胶粘剂

胶粘剂是指具有良好粘合性能,能将两物牢固地胶结在一起的物质,它在建筑、装修中使用非常广泛。胶粘剂可以分为天然胶粘剂和合成胶粘剂两种,天然胶粘剂中的胶水有轻度的变应原性质,而合成胶粘剂在使用过程中可以释放出大量的有机物,从而对室内空气造成严重的污染。

七、吸声及隔声材料

常用的吸声材料包括无机材料如石膏板等；有机材料如软木板、胶合板等；多孔材料如泡沫玻璃等；纤维材料如矿渣棉、工业毛毡等。隔声材料一般有软木、橡胶、聚氯乙烯塑料板等。这些吸声及隔声材料在使用过程中都可以向室内释放多种有害物质，对人体的健康造成危害。

由此可见，建筑材料和装饰材料中都含有种类不同、数量不等的各种污染物，其中大多数是挥发性的，在以后的使用过程中，这些污染物会不断地挥发出来，对室内空气环境造成极大的危害。

1.3.3 人的活动

一、人的生理活动

人体每时每刻都在进行新陈代谢，因此产生了大量的代谢废弃物，这些废弃物主要通过呼吸、大小便、汗液等排出体外。人的呼吸气体中排泄的有毒物质有 149 种，主要含有二氧化碳、水蒸气以及一些氨类化合物等内源性气态物质。人的小便中含有的有毒物质有 229 种，主要有氨、尿素等。人体内的代谢产物除通过呼吸和排泄排出外，有的还可以通过皮肤的汗腺排出。在人的汗液中含有 151 种有害物质。

另外，人们在说话、咳嗽、打喷嚏时，口腔、咽喉、气管和肺部等处的病原微生物可以随着飞沫散入空气中，对室内空气造成污染。

二、吸烟

烟草的成分相当复杂，含有各种物质达数千种之多，其中可计量的物质就有 1200 多种。这些物质主要是碳水化合物（占 40%～50%）、羧酸、色素、萜烯类物质、链烷烃、类脂物质、少量蛋白质及可能沾染上的农药和重金属元素等。

烟草的燃烧产物也是混合物，统称烟草烟气，至今已发现其中成分有 3800 种。

吸烟者的吸烟过程，是香烟在不完全燃烧过程中发生一系列

图 3 室内污染来源

热分解与热化合的化学反应过程。在一支香烟燃烧时放出的烟雾中，其中92%为气体，主要有氮、氧、二氧化碳、一氧化碳及氰化氢类、挥发性亚硝胺、烃类、氨、挥发性硫化物、酚类等；另外8%为颗粒物，主要有烟焦油和烟碱(尼古丁)。

三、燃烧

居室内的燃料燃烧产物污染，主要是来自固体燃料(如原煤、焦炭、蜂窝煤、煤球等)、气体燃料(如天然气、煤气、液化石油气等)和生物燃料的燃烧。

燃料燃烧产物的污染物一部分来自燃烧物自身所含有的杂质成分，如硫、氟、砷、镉、灰分等；另一部分污染物来自燃烧物在加工制作过程中，或在种植过程中所使用的化学反应剂、化肥、农药等；再有一部分污染物是由于燃烧物经过250℃以上的高温作用后，发生了复杂的热解和合成反应，产生了很多种有害物质。

高温的程度不同，生成的有害物质的种类和数量也不相同。

燃烧后能够充分氧化的产物称为燃烧完全产物(或称充分燃烧产物)，如SO_2、NO_2、CO_2、As_2O_3、NaF以及很多无机灰分等。燃烧完全产物不可能再通过充分燃烧来降低它们对环境的污染。

很多分子量很大的含碳物质，在燃烧过程中若未能充分氧化分解成简单的CO_2和水汽，则可热解合成多种中间产物，如CO、SO_x、NO_x、甲醛、多环芳烃类化合物、炭粒等，这类产物称为燃烧不完全产物。燃烧不完全产物可以通过充分燃烧而降低其浓度。

四、烹调

烹调油烟是指食用油加热后产生的油烟。通常，当炒菜的油温在250℃以上时，油中的物质就会发生氧化、水解、聚合、裂解等反应，这时，烹调油烟就会从沸腾的油中挥发出来。

油烟中的致突变物来源于油脂中的不饱和脂肪酸的高温氧化和聚合反应。烹调油烟也是一组混合性污染物，约有200多种成分。

据分析，烹调油烟的毒性与原油的品种、加工精制技术、变质程度、加热温度、加热容器的材料和清洁程度、加热所用燃料种类、烹调物种类和质量等因素有关。

1.3.4　暖通空调系统

一、室外新风

自 20 世纪 70 年代全球能源危机以来,人们为了节能,普遍提高了建筑物的密闭性并降低了新风量标准,这就使本来就不足的新风稀释室内污染物的功能更是不堪重负;新风口的位置不佳或新风口太小也会导致室外新风质和量的先天不足,还有的设计将新风送入建筑吊顶内与回风混合,使新风还未送到工作区去就已经受到了污染。

二、空调系统和气流组织

空调系统设置不当和气流组织不合理也能加剧室内空气的污染。如有的设计没有考虑有组织的回风系统,更有甚者,由厨房向餐厅串烟、由卫生间向客房串味、全空气系统中不同用途的房间压差造成交叉污染等现象时有发生。还有的房间由于气流组织不合理,极易导致气溶胶污染物(微粒、细菌和病毒)在局部死角积聚,也会形成室内空气污染。

三、空调设备的污染

空调表冷器一般在湿工况下运行,表面冷凝水一部分落到滴水盘,一部分仍附在盘管表面。滴水盘的水如排除不净,长时间就会孳生繁衍细菌;表冷器表面的附着水也会粘附灰尘、孳生细菌,因此,这些设备是繁衍细菌的主要场所。另外,空调系统的冷却水如果被污染,则可导致空气微生物污染,如军团杆菌污染等。

四、维护管理不善

维护管理不好的通风空调系统会造成气流阻塞、灰尘沉积、细菌繁殖、气流紊乱,这些都会对室内空气造成更大的污染而影响室内空气品质。例如,非自动清洗的过滤器长久使用后,灰尘积聚使过滤器丧失过滤能力,不仅本身成为一个污染源,而且还可使室外环境的尘粒污染物和回风中的可吸入颗粒物均可经空调系统在室内形成高浓度的污染。

1.4 室内装修与室内空气污染

1.4.1 我国室内装修的现状与特点

一、我国室内装修的现状

随着我国经济的持续发展和人们生活水平的不断提高,居民对住房装修的要求也越来越高。目前,全国新建住房的装修率高达98%以上,至于二手房,其入住装修率可谓100%。据测算,全国近10年的年装修工程总额呈直线上升之势,1998年为1400亿元,1999年约为1600亿元,2000年约为2000亿元,预计2002年,我国家庭装修将再上层楼,步入黄金发展期,家庭装修工程消费额度可望达到3600亿元。

我国现在的家庭装修业之所以火旺,其主要原因在于:一是国家住房制度改革有了根本性的突破,福利分房已经停止,二级市场开始启动,卖房、买房进入流通领域。其二,城市经济适用住房的竣工率大大提高,旧房、危房改建也在加速实施。其三,银行利率降低、工资调整、利息税实施,房屋租金上调。以上诸多因素,都使居民获得自己住房的积极性大大得到提高,因此为新房装修进行投资消费也就成为必然。更何况,在我国广大农村,农民生活水平得到提高后,已远远不能满足传统的"一明两暗"的住房条件,建小楼,搞装修也渐成大势。总之,新世纪来临后,我国的室内装修正处于一个飞速发展的阶段。

二、我国室内装修的发展过程

改革开放后,我国的室内装修大体经历了以下几个过程:

(1) 20世纪80年代中期的墙面刷石灰、油漆墙裙、水泥铺地、荧光灯照明的简单型;

(2) 20世纪90年代初的塑料地板,PVC塑料墙纸,卫生间使用了陶瓷锦砖、塑料浴盆等实用型;

(3) 20世纪90年代中后期有了较大发展,出现了乳胶漆、弹性涂料、艺术瓷砖、复合地板、实木地板、冷热水龙头、包门窗套以及多种造型的灯具的小康型；

(4) 跨入新世纪后，许多家庭已不满足营造一个舒适的生活环境，而是要体现个性、表达个人情趣及审美要求，追求视觉、听觉、触觉和心理上的感受，即所谓的风格型。

三、现时我国室内装修的特点

近年来，随着全球经济发展和人们生活水平的迅速提高，人们对居住环境的要求也越来越高，室内装修也经历了简单型、实用型、小康型等过程，正在向风格型转变。但是，在这个转变的过程中，由于多方面的原因，出现了一种不正确的装修指导思想，一部分人认为豪华就是舒适，把家庭装修搞得越高档越好，即一种家庭装修宾馆化的趋势。

其实，高档装修并不意味着舒适，很多时候甚至是适得其反，导致了室内环境的恶化，对居民的身体健康造成极大的危害。另外，高档装修还会消耗大量的资源，导致严重的环境污染，对可持续发展带来严重的破坏。

建筑装修材料是室内环境污染的主要来源，但是，在我国，除了涂料等少数材料有国家强制性标准外，多数装修材料尚没有相关标准，无法进行规范化的管理；市场管理存在着空白点，几乎还没有一个部门从健康和环保的角度来规范市场。因此，我国建筑装修材料的质量不容乐观。

另外，虽然大多数消费者的环保意识有所加强，但由于对正确进行室内装修的知识了解不多，普遍还缺乏自我保护能力，不懂得怎样创建一个健康的室内环境，经常出现"轻设计，重施工"的情况，这使得我国的室内环境污染非常严重。

1.4.2　装修带来的室内空气污染

我国由室内装修带来的室内空气污染非常严重。

中国消费者协会 2001 年对北京和杭州的居室内空气抽样检测调查显示：室内空气中容易引起人的鼻炎、支气管炎和结膜炎，并有可能致癌的有毒气体甲醛浓度超标的分别达到 73.3% 和 79.1%,其中,甲醛浓度最高的超标十多倍。另外,挥发性有机化合物和苯的超标情况也很严重,分别占 20% 和 43.3%。

南京市某部门对近 30 套居民新装修房进行的检测也显示:在这些被检测的住房中,几乎没有一家能完全达到《室内空气质量卫生规范》的要求,最主要的问题是甲醛超标,其中某居民住宅因装修后长时间无人居住和不及时开窗通风,甲醛超标竟高达 40 多倍;二甲苯最高超标 2.4 倍;氨、苯、放射性污染超标也较普遍。

另外,在上海、广州等大城市的调查也显示出类似的结果。

以上调查说明,我国由室内装修引起的室内空气污染已经到了刻不容缓的地步。因此,我们只有从现在开始,全力以赴地搞好室内空气品质的研究,健全有关的法律规章制度,抓好对建筑装修市场的管理,才能保护好人民群众的利益,给老百姓一个健康、舒适的家。

第 2 章 室内污染物及其危害

现代建筑中到处都充满了污染。与此同时,为了节约用于取暖和制冷的能源,以及抵御外界对室内的干扰,建筑越来越趋向于封闭,因此,进入室内的新鲜空气越来越少,这就不断地加剧了室内环境的污染。外国学者研究表明,室内环境的污染程度甚至可以达到室外环境污染的 5 到 20 倍。到目前为止,一般人都以为汽车尾气是最严重的空气污染,如果考虑到人们在室内生活和工作的时间,室内环境污染的严重性绝对不亚于汽车尾气的污染。

与一般的环境污染相比,室内环境污染具有其独特的性质:

(1) 影响范围大:室内环境污染不同于其他的工矿企业废气、废渣、废水排放等造成的环境污染,影响的人群数量非常大,几乎包括了整个现代社会。

(2) 接触时间长:人们在室内的时间接近了全天的 80%,使人体长期暴露在室内环境的污染中,接触污染物的时间比较长。

(3) 污染物浓度低:室内环境污染物相对而言一般浓度都较低,短时间内人体不会出现非常明显的反应,而且不易发现病源。

(4) 污染物种类多:室内污染物的种类可以说是成千上万,到目前为止,已经发现的室内污染物就有 3000 多种。不同的污染物同时作用在人体上,可能会发生复杂的协同作用。

(5) 健康危害不清:到现在为止,虽然已经了解了一部分污染物对人体机体的部分危害,但室内环境中大部分低浓度的污染对人体可能造成的长期影响,以及它们的作用机理还不是非常清楚。

根据室内污染物的性质,室内污染物可以分为以下三类:

(1) 化学性污染物

挥发性有机物:醛、苯类。室内已检测出的挥发性有机物已达数百种,而建材(包括涂料、填料)及日用化学品中的挥发性有机物也有几十种。

无机化合物:来源于燃烧及化学品、人为排放的 NH_3、CO、CO_2、O_3、NOx 等。

(2)物理性污染物

放射性氡(Rn)及其子体:来源于地基、井水、石材、砖、混凝土、水泥等。

噪声与振动:来源于室内或室外。

电磁污染:来源于家用电器和照明设备。

(3)生物性污染物

虫螨、真菌类孢子花粉、宠物身上的细菌以及人体的代谢产物等。

在以上这些室内污染物中,与装修有关的污染物主要包括以下几种:可挥发性有机物、甲醛(甲醛属于可挥发性有机物,但由于其对人体的危害非常大,故一般将其单列)、苯类物质(苯类物质也属于可挥发性有机物,同甲醛,也将其单列)、放射性污染物、氨,可吸入颗粒物和微生物等。另外,如果室内装修不当,还可能给室内带来电磁波辐射、臭氧和燃烧产物(包括燃料和烟草的燃烧)以及烹调油烟等的污染。

2.1 最重要的室内污染物——甲醛

2.1.1 甲醛的性质及用途

一、甲醛的性质和来源

甲醛(Formadehyde)又名蚁醛,分子式为 HCHO,是由霍夫曼于1867年发现的。甲醛是一种原生毒素,其分子量为30.03,与空气相对密度非常接近。甲醛在常温下是一种无色、有着刺激性气味的气体,易溶于水、醇、醚,其35%~40%的水溶液通常被称为"福尔马林",此溶液的沸点为19.5℃,故在室温时极易挥发,遇热时其挥发速度更快。

环境中的甲醛是自然过程和人为来源两种结果所致。大气对流层中碳氢化合物形成大量甲醛,全球总生成量为约 $4 \times 10^8 t/a$。同时据有关研究结果显示,天然木材的残渣分解和树叶的化学发散也能生成甲醛。人为来源主要是指工业生产大量甲醛,全球甲醛的总产量约为 $350 \times 10^4 t/a$。另外的人为来源为甲醛的运用及工业、汽车的废弃物排放等。空气中甲醛浓度在接近海洋、山脉或洋面为 $0.05 \sim 14.7 \mu g/m^3$ 左右,多数情况下在 $0.1 \sim 2.7 \mu g/m^3$ 左右,远离工厂的人为环境水平为 $7 \sim 12 \mu g/m^3$ 左右。

二、甲醛的用途

甲醛在被发现后,相继被确认有杀菌、解毒、防腐、作中间剂等作用,因而被广泛运用于各个领域。甲醛的具体用途见表2-1。

甲醛的用途　　　　　　　　表 2-1

农业	防治种子感染、土壤杀菌剂、防腐败剂
造纸工业	增加湿润强度、防缩剂、防止油污染
化学实验	分析试剂
照相工业	胶卷的强化剂、明胶的不溶化剂、显影液
土建	防止水、油浸透的添加剂
纺织工业	防皱剂、耐火剂、防缩剂
医药品	杀菌剂、防腐剂
木材	木材防腐剂
染料工业	制造洋红、靛蓝等染料
皮革工业	鞣革剂
金属工业	制造眼镜
溶剂	做化学中间体使用
橡胶工业	胶乳的防腐剂、加硫剂、橡胶的修饰
表面活性剂	做化学中间体使用

2.1.2 甲醛对人体健康的危害

现代科学研究表明,对于人类健康,甲醛主要有以下三个方面的作用:

图 4　甲醛——室内最重要的空气污染物

一、 刺激作用

甲醛对人的眼睛和呼吸系统有着强烈的刺激作用,这是它对皮肤黏膜的刺激表现。甲醛可以跟人体的蛋白质相结合,其危害程度与它在空气中的浓度和接触时间的长短密切相关。人体各器官对甲醛感受的个体差异比较大,其中,眼睛对甲醛的感受最敏感,嗅觉和呼吸道次之。空气中甲醛的浓度较低时,刺激作用轻微,稍高时,刺激作用增强。一般认为气态甲醛对眼睛产生刺激作用的最低值为 $0.06mg/m^3$。当浓度在 $6mg/m^3$ 时,会引起肺部的刺激效应,其作用症状主要是流泪、打喷嚏、咳嗽,甚至出现结膜炎、咽喉炎、支气管痉挛等。

甲醛又是致敏物质,它对皮肤有很强的刺激作用,能引起皮肤的过敏。当空气中甲醛的浓度为 $0.5 \sim 10ppm$(1ppm 即为在 1 百万个空气分子中含有 1 个甲醛分子)时,会引起皮肤的肿胀、发红。低浓度的甲醛能抑制汗腺分泌、使皮肤干燥、开裂。有些皮肤过敏的人,穿着经甲醛树脂处理过的化学纤维衣服,能引起皮肤炎症;贴身穿的合成织物上如含有 $1/10000$ 浓度的甲醛时,人就会感到皮肤搔痒,甚至引起皮炎和湿疹。

二、毒性作用

甲醛能使蛋白质变性,对细胞具有强大的破坏作用。人只要喝下约一汤匙的甲醛水溶液,就会马上致死。

动物实验表明,大鼠短期暴露于含有 $7 \sim 25mg/m^3$ 甲醛的空气中,可产生鼻黏膜组织的改变,如细胞变性、发炎、坏死等;长期暴露可引起呼吸道上皮细胞发育异常及细胞增生。人类长期慢性吸入 $0.45mg/m^3$ 的甲醛,可以导致慢性呼吸道疾病的增加,出现诸如肺功能显著下降、头疼、衰弱、焦虑眩晕、神经系统功能降低等症状。当吸入高浓度(大于 $60 \sim 120mg/m^3$)的甲醛时,可以产生肺炎、咽喉和肺的水肿、支气管痉挛等疾病,出现呼吸发生困难甚至呼吸循环衰竭致死等症状。甲醛对人体的具体毒性作用见表2-2。

甲醛对人体的毒性作用 表 2-2

剂量 （mg/m³）	效　　应	剂量 （mg/m³）	效　　应
0.05	脑电图改变	1.0	组织损伤
0.06	眼睛刺激	6.0	肺部刺激
0.06～0.22	嗅觉呼吸刺激	60	肺水肿
0.12	上呼吸道刺激	120	致死
0.45	慢性呼吸病增加， 肺功能下降		

三、致癌作用

国外有些研究表明,甲醛是导致癌症、胎儿畸形和妇女不孕症的潜在威胁物。实验动物在实验室高浓度慢性(15ppm剂量,每天6h,每周5天,连续暴露11个月)吸入的情况下,可以引起鼻咽肿瘤。流行病学家也发现长期接触高浓度甲醛的人,可引起鼻腔、口、咽喉部癌、消化系统癌、肺癌、皮肤癌和白血病。另外,有试验还发现甲醛在实验室里能诱发许多种微生物的基因突变。

虽然,甲醛所导致的空气质量和人体健康的复杂关系还在继续深入研究,但已进行的研究表明,甲醛对人体有很强的致癌作用。因此,美国职业安全卫生研究所(NOSH)将甲醛确定为致癌物质,国际癌症研究所也建议将甲醛作为可疑致癌物对待,而世界卫生组织(WHO)及美国环境保护局(EPA)均将甲醛列为潜在的危险致癌物与重要的环境污染物加以研究和对待。

通常情况下,人类在居室中接触的一般为低浓度甲醛,但是研究表明,长期接触低浓度的甲醛(0.017mg/m³～0.068mg/m³),虽然引起的症状强度较弱,但也会对人的健康有较严重的影响。

2.1.3　室内空气中甲醛的来源

一、室内空气中甲醛的来源

室内空气中甲醛的来源可以分为室内和室外两个部分,室外的来源主要有工业废气、汽车尾气、光化学烟等。与室外来源相比,居室空气中甲醛的室内来源起着决定性的作用。

室内空气中的甲醛主要来源于以下几个方面:

(1) 各类脲醛树脂胶人造板,比如胶合板、细木工板、中密度纤维板和刨花板等;

(2) 含有甲醛成分并有可能向外界散发的各类装饰材料,比如贴墙布、贴墙纸、油漆、涂料、胶粘剂、尿素—甲醛泡沫绝缘材料(UFFI)和塑料地板等;

(3) 有可能散发甲醛的室内陈列及装饰用品,比如家具、化纤地毯和泡沫塑料等;

(4) 燃烧后会散发甲醛的某些材料,比如家用燃料、香烟及一些有机材料;

(5) 各种生活用品,如:化妆品、清洁剂、防腐剂、油墨、纺织纤维等。

二、人造板是室内空气中甲醛的主要来源

目前,国内生产的板材大多采用廉价的脲醛树脂胶粘剂,这类胶粘剂的粘结强度较低,但加入过量的甲醛可以提高粘结强度。由于胶合板、大芯板等人造木板的国家标准以前没有甲醛的释放量限制,因此许多的人造板生产厂就是采用多加甲醛这种低成本的方法使粘结强度达标。表2-3是某部门在2001年对一个建材市场的人造板材的甲醛浓度进行抽样调查得到的结果。

某建材市场人造板材甲醛浓度的抽样调查　　　表2-3

编 号	木制板材密度 (kg/m^3)	甲醛 (mg/m^3)	编 号	木制板材密度 (kg/m^3)	甲醛 (mg/m^3)
1	0.55	0.57	6	0.84	1.12
2	0.57	0.47	7	0.20	0.53
3	0.56	0.26	8	0.68	0.76
4	0.55	0.48	9	0.89	1.18
5	0.46	0.64			

在随后的时间里,人造板材中残留的和未参与反应的甲醛会逐渐向周围环境释放,这就是室内空气中甲醛主体的形成。由于人造板中甲醛的释放时间长、释放量大,因此它对室内环境中甲醛的超标起着决定性的作用。

正常条件下,甲醛的挥发速度很慢,人造板材在投入使用的10年之内,都会持续不停地向外散发甲醛。

2.1.4 影响甲醛散发的因素

影响甲醛散发的因素主要有以下四个:
(1) 温度;
(2) 相对湿度;
(3) 装载度(即每立方米室内空间的甲醛散发材料表面积);
(4) 换气数(即室内空气流通量)。

温度和换气数对材料中甲醛的散发的影响最大。含有甲醛的材料在高温、高湿、负压和高负载条件下会加剧散发的力度。

有科学家通过对活动房屋空气中的甲醛浓度进行试验得出以下结论:

(1) 室内温度在 20℃ 和相对湿度在 30% 的条件下,甲醛散发量是室内温度为 30℃ 和相对湿度在 70% 条件下甲醛散发量的20%;

(2) 如果把室内温度从 30℃ 降到 20℃,则室内甲醛的浓度可以降低 70%;

(3) 如果把室内湿度从 70% 降低到 30%,则室内空气中的甲醛浓度可以减少 40%。

上述试验表明:材料中甲醛的释放速度与室内温度和空气湿度有关。室内温度越高,材料中甲醛的释放速度越快;室内空气湿度越大,材料中甲醛的释放速度也越快。相对来说,甲醛的释放速度受室内温度的影响要大一些。

我们可以利用以上的原理对室内甲醛的释放进行有效的控制。

2.2 芳香杀手——苯

2.2.1 苯的性质及用途

一、苯的性质

苯(Benzene)是一种无色透明,易燃,具有特殊芳香气味的液体,属于芳香烃化合物,它来源于碳氢化合物。苯的分子式为C_6H_6,分子量为 78.11,密度为 0.8794g/cm^3(20℃),熔点为 5.51℃,沸点为 80.1℃,闪点为 - 10.11℃(闭杯),自燃点为 562.22℃。苯的蒸气密度为 2.77g/L,蒸气压为 13.33kPa(26.1℃),其蒸气与空气混合物的爆炸限为 1.4%～8.0%。苯不溶于水,但可与乙醇、氯仿、乙醚、二硫化碳、四氯化碳、冰醋酸、丙酮、油等混溶。苯遇热、明火易燃烧、爆炸。它能与氧化剂,如五氟化溴、氯气、三氧化铬、高氯酸、硝酰、氧气、臭氧、过氯酸盐、(三氯化铝 + 过氯酸氟)、(硫酸 + 高锰酸盐)、过氧化钾、(高氯酸铝 + 乙酸)、过氧化钠等发生剧烈反应。苯还不能与乙硼烷共存。

苯蒸气可经呼吸道被人体吸收,而液体可经消化道完全吸收。另外,皮肤也可吸收少量的苯。

二、苯类物质的用途

苯是最重要的芳香族烃。苯在工业上使用广泛,主要用于合成某些化工原料如苯乙烯(多聚苯乙烯塑料和合成橡胶)、酚(酚类树脂)、环己烷(尼龙)、苯胺、烷基苯(去污剂)、氯苯及某些药品、染料、杀虫剂和塑料产品。另外,苯也被大量作为溶剂使用。

甲苯、二甲苯属于苯的同系物,都是煤焦油分馏或石油的裂解产物。目前室内装饰中多用甲苯、二甲苯代替纯苯作各种胶、油漆、涂料和防水材料的溶剂或稀释剂。

三、国内外生产状况

据统计,1998 年全球的纯苯生产能力为 3990×10^{4}t/a,消费量为 2890×10^{4}t。预计从 1997 到 2002 年,全球的纯苯生产能力

— 32 —

的年均增长率将达 4%。

建国以来,我国苯的生产发展很快,尤其是近年来石化工业的发展促进了苯生产的发展。1992 年到 1997 年,我国苯的年均生产能力以 9.82% 的速率递增。预计到 2000 年,苯生产能力将从 1997 年的 $171.5 \times 10^4 t/a$ 上升到 $200 \times 10^4 t/a$。

1998 年全球的纯苯生产能力为 $3990 \times 10^4 t/a$,其中北美为 $1260 \times 10^4 t/a$,占 31.6%;南美为 $130 \times 10^4 t/a$,占 3.2%;西欧为 $800 \times 10^4 t/a$,占 20.1%;东欧为 $500 \times 10^4 t/a$,占 12.5%;中东和非洲为 $140 \times 10^4 t/a$,占 3.5%;亚太为 $1160 \times 10^4 t/a$,占 29.1%。

2.2.2 苯对人体健康的危害

大量实验表明,苯类物质对人体健康具有极大的危害性。因此,世界卫生组织已将其定为强烈致癌物质。

一般来说,苯类物质对人体的危害分为急性中毒和慢性中毒两种。相对于室内环境,由于室内环境中苯类物质的浓度较低,因此其对人体的危害主要是慢性中毒。

慢性苯中毒主要是由于苯及苯类物质对人的皮肤、眼睛和上呼吸道有刺激作用。经常接触苯和苯类物质,皮肤可因脱脂而变得干燥,脱屑,有的甚至出现过敏性湿疹。

长期吸入苯能导致再生障碍性贫血。初期时,齿龈和鼻黏膜处有类似坏血病的出血症,并出现神经衰弱样症状,表现为头昏、失眠、乏力、记忆力减退、思维及判断能力降低等症状。以后出现白细胞减少和血小板减少,严重时可使骨髓造血机能发生障碍,导致再生障碍性贫血。若造血功能完全破坏,可发生致命的颗粒性白细胞消失症,并可引起白血病。近些年来很多劳动卫生学资料都表明:长期接触苯系混合物的工人中再生障碍性贫血的罹患率较高。

女性对苯及其同系物的危害较男性更敏感。甲苯、二甲苯对生殖功能亦有一定影响。育龄妇女长期吸入苯还会导致月经异常,主要表现为月经过多或紊乱,初时往往因经血过多或月经间期

图 5　芳香杀手——苯

出血而就医,常被误诊为功能性子宫出血而贻误治疗。孕期接触甲苯、二甲苯及苯系混合物时,妊娠高血压综合症、妊娠呕吐及妊娠贫血等妊娠并发症的发病率显著增高,专家统计发现,接触甲苯的实验室工作人员和工人的自然流产率明显增高。

苯可导致胎儿的先天性缺陷。这个问题已经引起了国内外专家的关注。西方学者曾报道,在整个妊娠期间吸入大量甲苯的妇女,她们所生的婴儿多有小头畸形、中枢神经系统功能障碍及生长发育迟缓等缺陷。专家们进行的动物实验也证明,甲苯可通过胎盘进入胎儿体内,胎鼠血中甲苯含量可达母鼠血中的75%,胎鼠会出现出生体重下降,骨化延迟等现象。

另外,据最近法国国家工业环境与危害所的一项研究结果显示,幼儿比成年人更容易受到苯污染的危害。这项研究是在21名2至3岁幼童及其没有吸烟习惯的父母双亲中进行的,这些幼儿所在托儿所内的苯含量均严重超标。研究人员通过长期对实验者早、晚两次进行的尿样检查发现,儿童尿液中粘康酸的平均含量是成年人的1.7倍,氢醌的平均含量是成年人的1.9倍。粘康酸和氢醌均是苯的衍生物。研究人员认为,幼儿尿液中粘康酸和氢醌含量高表明他们受苯的危害比成年人更为严重。

2.2.3 室内空气中苯的来源

由于甲苯和二甲苯具有易挥发、黏性强的优势,因此室内装修中多用甲苯和二甲苯等做各种油漆、涂料、胶粘剂、清洗剂以及防水材料的溶剂等。在这些化工溶剂中都含有大量的苯及苯类物质,经装修后这些苯及苯类物质极易挥发到室内,因此造成了室内空气中的苯污染。以下几种装饰材料中苯类物质的含量较高:

(1)油漆。苯化合物主要从油漆中挥发出来,苯、甲苯、二甲苯是油漆中不可缺少的溶剂;

(2)各种油漆涂料的添加剂和稀释剂。苯在各种建筑装饰材料的有机溶剂中大量存在,比如装修中俗称天那水的稀释剂,其主要成分就是苯、甲苯、二甲苯;在溶剂型多彩涂料的油滴中,甲苯和二甲苯的含量约占 20%～25%；

(3) 各种胶粘剂。特别是溶剂型胶粘剂在装饰行业仍有一定市场，而其中使用的溶剂多数为甲苯，其中含有 30% 以上的苯，但因为价格、溶解性、粘接性等原因，还被一些企业大量采用。一些家庭购买的沙发释放出大量的苯，主要原因就是厂家在生产中使用了含苯高的胶粘剂；

(4) 防水材料。特别是一些用原粉加稀料配制成的防水涂料，在施工后 15 小时进行检测，发现室内空气中苯的含量超过了国家允许最高浓度的 14.7 倍；

(5) 一些低档和假冒的涂料。这也是造成室内空气中苯含量超标的重要原因。

2.3 挥发性有机化合物

2.3.1 室内空气中的挥发性有机化合物

一、挥发性有机化合物的组成

可挥发性有机物(Volatile Organic Compounds 简称为 VOCs)是指沸点范围在 50～100℃ 到 240～260℃ 之间的化合物。到目前为止，室内空气中检测出的 VOCs 已达到 300 多种，其中有 20 多种为致癌物或致突变物。虽然，这些 VOCs 都以微量或痕量水平出现，它们各自的浓度都不高(正常情况下，每种化合物的浓度很少超过 $50\mu g/m^3$)，但多种 VOCs 共存在于同一室内，其联合作用是不可忽视的。因此，对室内空气中的 VOCs 一般不分开单个表示，通常采用挥发性有机化合物的总和(Total Volatile Organic Compounds 简称为 TVOC)来表示其总量。

除醛类和苯类物质(芳香烃类)外，室内空气中的 VOCs 还主要有酮类、酯类、胺类、烷类、烯类、卤代烃、硫代烃类、不饱和烃类等等。由于它们都以微量和痕量水平出现，所以容易被忽视。

图 6 我们都是 VOCs！

二、室内空气中的挥发性有机化合物

1979~1985 年,美国环保署(EPA)开展了一项称作"总暴露量评价方法学研究"的项目:对美国 16 个州的 30 多个城市室内外空气中的 320 多种挥发性有机化合物(其中 261 种 VOCs 分布在室外空气中,66 种 VOCs 分布在室内空气中)进行了测量。研究表明:室内空气中的 VOCs 的浓度高于室外,人的呼出气中 VOCs 的浓度与个体接触量具有很好的相关性,但与室外空气中 VOCs 的浓度无关。

随后,德国进行了两次大规模的调查(五百个家庭,57 种 VOCs),芬兰也进行了一次调查(三百多个家庭,45 种 VOCs),这三次调查都成功地证实了这项研究成果。

英国材料和建筑研究所对 100 户住宅在 28 天中室内 VOCs 的浓度水平进行了测量。测量结果再次证实室内空气中的 VOCs 浓度高于室外空气中的 VOCs,其 TVOC 的平均值为 $121.8\mu g/m^3$,是室外空气中 TVOC 浓度的 2.4 倍。

我国的现场监测结果也表明室内某些污染物的水平远远大于室外,特别是新居室内的 VOCs 含量明显偏高。

2.3.2 挥发性有机化合物对人体健康的危害

由于室内空气中挥发性有机化合物的种类繁多,且各种成分的含量又不高,故其对人体健康影响的机理还不是非常清楚。通常情况下,在低浓度下,将挥发性有机物对人体健康的影响分为三类:

(1) 人体感官受到强烈刺激时对环境的不良感受;

(2) 暴露在空气中的人体组织的一种急性和亚急性的炎性反应;

(3) 由于以上感受引起的一系列反应,一般可认为是一些亚急性的环境紧张反应。

一般认为,人们通过鼻腔前部的嗅觉器官、舌头的味觉器官以及化学感知器官中的一种,或者它们的综合作用,有时包括从其他器官接受的额外信号,如视觉、对热环境的感知等,来感觉挥发性有机物的存在。化学感知器官既包括皮肤表面的三叉神经也包括眼、鼻、嘴或其他部位的黏膜。这些神经有多种形式的感应器,通过感应蛋白质的化学反应或物理吸附感知环境中的化学物质。感知器官的活动将导致诸如流泪、呼吸频率的改变、咳嗽或打喷嚏等保护性反应。

不过,对于室内空气中挥发性有机物对人体的危害,学术界普遍认为:室内空气中的挥发性有机物能引起人体机体免疫功能的失调,会影响人的中枢神经系统功能,使人出现头晕、头痛、嗜睡、无力、胸闷等症状,有的还可能影响消化系统,使人出现食欲不振、恶心等,严重时甚至可损伤肝和造血系统,出现变态反应等。

各国科学家的研究还表明,不同浓度的 TVOC 可能对人体造成不同的影响。具体可见表 2-4。

不同浓度的 TVOC 对人体的影响　　　　表 2-4

TVOC 浓度(ppb)	人体反应	TVOC 浓度(ppb)	人体反应
<50	没有反应	750~6000	可能会引起急躁不安和不舒服、头痛
50~750	可能会引起急躁不安和不舒服	6000 以上	头痛和其他神经性问题

资料来源:Molhave,第五届室内空气质量和环境国际研讨会,1990 年。

2.3.3 室内空气中挥发性有机化合物的来源

归纳起来,室内空气中的 VOCs 主要来源于室内的家具和各种装修材料:

(1)建筑材料:如人造板、泡沫隔热材料、塑料板材;

(2)室内装饰材料:如壁纸、油漆、含水涂料、胶粘剂、其他装饰品等;

(3)纤维材料:如地毯、挂毯和化纤窗帘;

(4)生活用品:如化妆品、洗涤剂、捻缝胶、杀虫剂;

(5)办公设备:复印机、打印机;

（6）家用燃料和烟叶的不完全燃烧。

（7）人类的活动。

不同的污染源散发的 VOCs 的量有很大的差别。VOCs 最大的污染源是装修材料，每种材料散发的 VOCs 从 0.0004mg/m³ 至 5.2mg/m³ 不等。表 2-5 是典型家庭用品和材料中 VOCs 的不同释放量。

典型家庭用品和材料中 VOCs 的释放量

（中值，μg/g）   表 2-5

释放的化学物质	化妆品	除臭剂	胶粘剂	涂料	纤维品	润滑剂	油漆	胶带
1,2—二氯乙烷	—	—	0.80	—	—	—	—	3.25
苯	—	—	0.90	0.60	—	0.20	0.90	0.69
四氯化碳	—	—	1.00	—	—	—	—	0.75
氯仿	—	—	0.15	—	0.10	0.20	—	0.05
乙基苯	—	—	—	—	—	—	527.80	0.20
1,8萜二烯	—	0.40	—	—	—	—	—	—
甲基氯仿	0.20	—	0.40	0.20	0.07	0.50	—	0.10
苯乙烯	1.10	0.15	0.17	5.20	—	12.54	33.50	0.10
四氯乙烯	0.70	—	0.60	—	0.30	0.10	—	0.08
三氯乙烯	1.90	—	0.30	0.09	0.03	0.10	—	0.09
样品数	5	9	98	22	30	23	4	66

目前，我国市场上出售的 1000 多种装修材料中化学材料所占的比重相当大，如涂料（油漆、乳胶漆）、喷塑、墙纸、屋顶装饰板、胶合板、塑料地板革等，这些都是室内 VOCs 的主要散发源。

建筑和装饰材料中所含的有机物在不同室温下可以挥发为气体，这就对室内空气造成了污染。许多新型建筑装饰材料都与高分子聚合物分不开，一些油漆、涂料的稀释剂又涉及多种有机溶剂，如苯、甲苯、乙醇、氯仿等，因此，当这些建筑装饰材料被用于室内装修后,种种挥发性有机物会不停地从家具、油漆、各种塑料面板、胶合板、粘合板等以及一些绝缘保温填料中释放出来,使得室内挥发性有机化合物的蒸气浓度越来越高。

建筑装饰材料中含有的一部分有机物成分会在装修完成后迅速地挥发出来,造成新装修房屋内有害物质的浓度急剧升高。但是,另外的一部分,据估计有总量的50%以上的有机物会在装修完成以后的相当长的时间里,逐步地挥发出来,这就造成了室内VOCs的污染,污染的程度当然和用户装修程度和选用的材料质量有很大的关系。这部分低浓度的VOCs污染对人体健康的影响巨大。

2.4 放射性污染物——氡

2.4.1 自然界的放射性污染

一、放射性污染的性质

约在100年前,科学家发现自然界的一些物质,如铀、镭等的原子核能自发地发生衰变,且在衰变的过程中能释放出穿透性很强的α(阿尔法)射线、β(贝塔)射线、γ(伽玛)射线,这些物质就称为放射性物质。由这些放射性物质所造成的环境污染,即被称为放射性污染。

α射线是α粒子(氦原子核)流,β射线是β粒子(电子)流,统称为粒子辐射,自然界中类似的还有中子射线、宇宙射线等。γ射线是波长很短的电磁波,又称为电磁辐射,类似的还有X射线等。这些射线具有以下共同的特点:

(1) 有一定穿透物质的能力;

(2) 人的五官不能感知,但能使照相底片感光;

(3) 照射到某些特殊物质上能发出可见的荧光;

(4) 通过物质时可以产生电离作用,而射线主要是通过电离作用对生物体产生一定的影响。

与一般的化学污染物不同,每一种放射性核素都具有一定的半衰期。在放射性核素的自然衰变过程中,这些放射性核素会不停地向周围释放出具有一定能量的射线,持续地对环境和人体造成损害。而且,这些放射性污染物所造成的危害,在很多情况下并不会立即显示出来,需经过一段较长的潜伏期。

二、自然界的放射性污染

人类自诞生起就一直生活在天然的放射线中,并已适应了这种放射。

科学研究表明,宇宙中无时不在地散发着射线(来自宇宙空间的高能粒子流),这就是我们常说的宇宙射线。这些高能粒子流在进入大气层后还能与大气中的氧、氮原子核碰撞产生次级宇宙线。

地球作为宇宙中的一个星球,从诞生之日至今时刻伴随着射线和放射物质的存在,它本身就是一个辐射源。地球上天然放射性元素主要三个系:铀238系(铀系)、铀235系(锕系)、钍232系(钍系)。此外还有天然放射性同位素和人工放射性同位素,多达180多种以上。天然放射性元素存在于地球上一切物质之中,包括岩石、水、土壤、动植物,以至人体本身。

射线并不可怕。我们吃的食物、住的房屋,甚至我们的身体内都有能放出射线的物质。我们戴夜光表、作 X 光检查、乘飞机、吸烟都会接受一定的辐射剂量。但是,过高的辐射剂量会引起有害健康的效应。

三、有关放射性的计量单位

(1)放射强度(Radioactivity)

放射强度(Radioactivity)又被称为放射活度。它是指单位时间内放射物质衰变的多少,不表示具体的剂量。

放射强度单位称为贝克勒尔(Becquerel),简称为贝克,其符号为 Bq,表示在每秒钟内有一个原子发生了衰变。

过去放射强度单位曾用居里(Ci)表示,$1Bq = 2.703 \times 10^{-11} Ci$。

(2)剂量当量

剂量当量是指以拉德表示的吸收剂量与若干修正系数的乘

积,即

$$H = DQN$$

其中:D是吸收剂量;Q是品质因素;N是由国际放射防护委员会规定的所有其他修正因数的乘积。这些因数可以照顾到诸如吸收剂量率和剂量的分次给予等。

剂量当量单位称作西弗特(Sievert,记作 Sv):

1 西弗特(Sv)= 1J/kg(= 100 雷姆)

剂量当量只限于在辐射防护中使用。

2.4.2 氡的性质

一、氡的性质

氡是一种惰性天然放射性气体,无色无味,英文为 Radon,又写作^{222}Rn。平常所说的氡 - 222 也包含其子体。氡在空气中以自由原子状态存在,很少与空气中的颗粒物质结合。氡气易扩散,能溶于水和脂肪,在体温条件下,极易进入人体。

氡是镭(^{226}Ra)等放射性物质的产物,而镭又是地壳中广泛存在的铀(^{238}U)的衰变产物。氡从镭中扩散出来以后,进入空气或融于周围的水中。

氡的半衰期为 3.8 天,它最终裂变成一系列的"短命"的同位素,即氡子体。氡子体包括 Po^{218}、Pb^{214}、Bi^{214} 和 Po^{214}。这一系列的裂变产品最终以 Po^{210} 而结束。Po^{210} 是一种半衰期为 22 年的稳定的核物质。氡子体的半衰期从 1s 至 27min 不等。

氡就像空气一样,很大部分在被人体吸入的同时也会被呼出,但是^{222}Rn 在进一步衰变过程中会释放出 α、β、γ 等 8 个子代核素,这些子体物质与母体全然不同,是固体粒子,有着很强的附着力,它们能在其他的物质表面形成放射性薄层,也可以与空气中的一些微粒形成结合态,这种结合态被称作放射性气溶胶。

二、室内氡污染的现状

氡是一种自然发散的气体,也就是说无处不在。然而,自从人类建造房屋以来,由于建筑材料使用不当、空气流通不好等因素,使得氡真正成为一种污染,而且室内是公众受氡照射的主要场所,房屋的建筑材料与室内的氡浓度有着直接的关系,同时由于它无色无味,危害潜伏期长,因此不容易引起人们的重视。

在我国,氡对室内造成的污染相当严重。据悉,1994 年以来我国的一些部门对全国的 14 座城市中 1524 个写字楼和居室进行了调查,在调查中发现:大约有 6.8% 的写字楼和居室中氡含量超标,其中,氡含量最高的达到了 596 贝克,是我国国家规定的最低标准的 6 倍!长期生活在这种室内环境中,必将对人的健康造成极大的伤害。

另外,随着经济水平的提高,我国的住宅条件也在日益改善,许多民用住宅都开始使用家用空调。由于城市中室外空气的污染比较严重,因此人们在使用空调时,很少进行开窗通风,这也导致了室内空气中氡浓度的积聚。香港在 1993 年进行的一次调查已经证明了这一规律。

由于室内空气中的氡污染具有长期性、隐蔽性和危害大、不易彻底消除等特点,如果不能及时地发现和治理,会给居民带来极大的灾害。不过,令人欣慰的是,近几年来,部分城市的居民已经逐渐开始重视室内空气中氡的污染了,比如,北京、上海、广州等城市的媒体对这方面的报道明显的增多。

2.4.3 氡对人体健康的危害

一、金字塔的魔咒

在 20 世纪 20 年代,埃及多名考古学家对古埃及杜唐卡门法老陵墓(即金字塔)进行了发掘,但是,过后不久,这些考古学家都离奇地死去。自此以后,人们都传说古埃及人在金字塔里下了魔咒,谁要是擅自闯入了这些金字塔,谁就会送命。

金字塔中真的会存在着魔咒吗?几十年来,人们一直不能很好地回答这个问题。直到最近,通过加拿大及埃及的室内环境专家联手,终于破解了这个困扰人们近 80 年的魔咒之谜。原来,几千年的封闭环境,使金字塔中聚集着大量的氡气,考古学家进入金

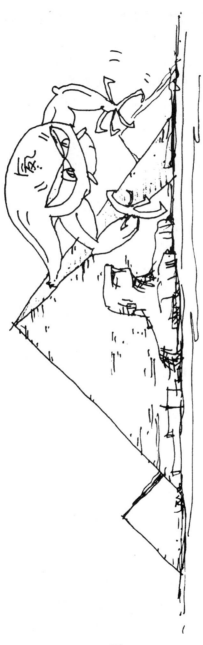

图 7　金字塔中的魔咒——氡污染

字塔后,就会受到大剂量的氡的辐射,最后,这些考古学家患上了肺癌而死亡。

含氡气最高的三处古埃及建筑,依次序是开罗以南的沙喀姆喀特金字塔、阿比斯隧道以及萨拉比尤姆陵墓。

氡真的这么厉害吗?下面就让我们来认识一下这位"隐形杀手"。

二、隐形杀手——氡

人在室内受到的放射性危害主要有两个方面,即放射线的体外辐射和体内辐射。

放射线的体外辐射主要是指天然材料中的辐射体直接照射人体后产生的一种生物效应,会对人体内的造血器官、神经系统、生殖系统和消化系统造成损伤。

放射线的体内辐射主要来自于空气中由放射性核素衰变形成的氡气及氡气在空气中继续衰变而形成的子体。

氡气是一种无色、无味的放射性气体,但可以导致肺癌,其潜伏期可长达15~40年。当氡的浓度超过标准限值时,长的可在15至40年之间,短的可在几个月到几年之间,可以使人患病或致死,所以不少人将之称为"隐形杀手"。

一般来说,长时间受到略高水平氡的照射的危险比短时间受到高水平氡的照射的危险性要大。这一认识在学术界已经普遍认同。

三、氡的危害机理

氡是自然界惟一的天然放射性气体,它是放射性重元素的衰变产物。

人体在呼吸时氡气及其子体(大部分以气溶胶的形式)会随着气流进入人的呼吸系统。这时,粒径大于 $5\mu m(1\mu m = 10^{-6}m)$ 的气溶胶微粒会很容易地被人的呼吸道所阻留,其中的一部分气溶胶微粒留在口、鼻中,另一部分就留在了气管和支气管中。由于氡和它的子体的半衰期相当短,一般为几秒钟到二十几分钟不等,因此,留在人体气管中的那部分氡及其子体在气管还没来得及用黏液和纤毛把它们清除之前就已经完成了衰变,在这一衰变过程中,氡和其子体会释放出大量的 α、β、γ 等射线,从而对人体的组织产生破坏,导致支气管癌等疾病。

对于粒径小于 5μm 的气溶胶微粒,它们可以直接进入人体的肺泡之中,并且在人的肺部沉淀下来。这些沉淀在肺脏的带有氡子体的微粒也会不停地衰变并放出 α 射线,这时,这些 α 射线就会像一颗颗小"炸弹"一样,不停的对肺细胞进行轰击,使肺细胞严重受损,从而引发患肺癌的可能性。

据科学家测算,人如果生活在氡浓度为 $200Bq/m^3$ 的室内环境中,所受的污染相当于每人每天吸烟 15 根;另外,人的一生中,如果生活在氡浓度为 $370Bq/m^3$ 的室内环境中,就将会有 3% ～ 12% 的概率死于肺癌。统计资料显示,氡气污染在肺癌诱因中仅次于吸烟排在第二位,美国每年因此死亡的人数达 5000 人至 20000 人,我国每年也有 50000 人因为氡气及其子体致肺癌而死亡。职业性氡照射的流行病学调查也已证实,矿井下高氡浓度及其子体可引起肺癌。

科学研究还表明,由于氡还对人体的脂肪有很高的亲和力,因而超标准的氡浓度可以影响人的神经系统,使人精神不振,昏昏欲睡。

另外,医学研究也已经证实,除上述危害外,氡气还会使人体的免疫系统受到损害,还可能引起白血病、不孕不育、胎儿畸形、基因畸形遗传等后果。特别是对于儿童、老人和孕妇,这些影响更大。

四、氡危害的严重性

氡及其子体照射对健康的影响已经引起了世界各国的关注。

世界卫生组织(WHO)已经明确将氡列为人类重要的 19 种环境致癌物之一。

由于天然电离辐射源普遍存在于环境中,国际癌症研究机构(IARC)认为有足够的证据将氡列为人类第一致癌物。

根据联合国原子放射作用科学委员会(UNSCEAR)1993 年的报

告,氡及其子体对公众的放射污染占全部天然放射污染的 54%。

五、国内外对氡的危害的最新研究

目前对于氡及其致病机理的研究还在继续进行,最新发现氡除了可以导致肺癌以外,还可能引发其他的病变,即三致作用,包括:致畸、致癌、致突变。其中认为最可能的就是导致白血病。

此外,还有调查报告称:除白血病外,肾癌、皮肤癌及黑色素瘤等疾病都可能随着氡暴露浓度的增加而有所增加。但由于资料较少而缺乏可重复性,因此这些结论还有待于今后进一步研究和证实。

2.4.4 室内氡的来源

室内空气中的氡主要来源于以下五个方面:

(1) 房屋的地基;

(2) 含铀的建筑装修材料;

(3) 煤、煤气和天然气的燃烧;

(4) 含氡的水,也称为富氡水;

(5) 烟草的燃烧。

一、地基中的氡

地基中的氡的当量浓度主要取决于地基土壤中铀、镭的浓度,地基土壤的透气能力,地基土壤的孔隙度和渗透性以及地基土壤的水汽含量等。季节变化和氡的扩散能力对地基中的氡的当量浓度也有较大的影响。一般情况下,地基土壤中的氡浓度为大气中氡浓度的 1000 倍以上。

当房屋的地基土壤中的镭衰变成氡后,氡即可通过地基或建筑物的缝隙、管道引入室内的部位等处进入室内,或者从下水道的破损处进入管内后再逸入室内。

具体研究表明,地基中铀、钍、镭的高浓度会造成严重的室内氡污染,而高孔隙度和高渗透性的地基会增加室内氡的浓度。即使地基中铀、钍、镭的当量浓度仅显示为平均值,而大量含氡的气体也会通过可渗透的地基进入建筑物。

图 8　室内氡的来源

1—从底层土壤中析出的氡；

2—由于通风从户外空气中进入室内的氡；3,4—从建材中析出的氡；

5,6,7—从供水及用于取暖和厨房设备的天然气中释放出的氡

　　根据地基中氡的含量，可以将地基分为高危害地区、一般危害地区和低危害地区等几类。表 2-6 是瑞典的分类标准。

　　室外环境的氡由于空间的开放性，在氡气释放出来后，可以马上得到稀释，因此一般不会对人类健康构成很大的威胁。但由于室内的通风性能一般都比较差，故经常有大量由地基逸出的氡聚集在室内，特别是大楼的地下室和底层房间。据美国、瑞典和我国的部分学者统计调查显示，地下室的氡浓度一般为非地下室的 2 倍，低层房间内的氡浓度总是高于高层房间内的氡浓度，而且随着层数的升高而降低，同时，对于同一房间，冬季时的氡浓度要比夏季时的浓度高。

高危害地区	富含铀花岗岩、伟晶岩和页岩，高渗透性土壤，如碎石和粗砂，土壤气中氡浓度 $>50000Bq/m^3$
一般危害地区	岩石、土壤中含铀量低或正常，渗透性一般，土壤气中氡浓度为 $10000\sim50000Bq/m^3$
低危害地区	岩石含铀量低，如石灰石、砂石、碱性火成岩和火山岩，土壤渗透性低，黏土或泥土，土壤气中氡浓度 $<10000Bq/m^3$

二、建筑装修材料中的氡

氡还可以从含镭的建筑材料中衰变而来。如果石块、花岗岩、水泥和建筑陶瓷等材料中含有镭，一旦这些材料被用于地基、墙壁、地面、屋顶等的建造，衰变出来的氡即可直接逸入室内。一般情况下，矿渣水泥、灰渣砖及一些花岗岩石材是室内氡的主要来源。

根据香港的部分研究结果表明，室内氡主要来源于建筑材料，肺癌死亡中有 13% 是由于住房使用了放射性强度高的花岗岩作为建筑材料。我国的安徽黟县也发现肺癌高发区是由于使用了含铀炭页岩烧制成的砖瓦。

虽然建筑装修材料的物理特性、建筑的结构、环境因素(温度、气压、湿度等)也对氡的释放有影响，但主要还是归结于材料本身放射物质的含量。某些建筑用水泥、花岗岩含氡量较高，特别是装修时用花岗岩较多的楼房氡含量多超标。

就传统建材而言，其放射性物质的含量因建材的产地而有较大的差异。通常花岗岩、页岩、浮岩等岩石类建材的放射性含量相对较高，砂子、水泥、混凝土、红砖次之，石灰、大理石较低，天然石膏、木材最低。自然界的花岗岩或其他石材在地质形成过程中捕获了大量的放射性元素，采掘加工后就会慢慢地放出氡。

随着工业化和"三废"治理的不断发展，许多工业废渣被用来制作建材，而工业废渣往往对放射性物质有着不同程度的富集，因而一些工业废渣类建材如粉煤灰砖、磷石膏板等中的放射性有所增加。

一些厂家为了使地砖、陶瓷品光洁耐用,在釉面砖材料中加入放射性比活度较高的锆铟砂作为乳浊剂。由于我国建筑陶瓷行业使用的大多都是国产锆铟砂,其 γ 放射性比活度超过了我国现行国家标准《放射卫生防护基本标准》对"放射性物质"的定义值,也超过了国际原子能机构 1992 年发布的新标准《国际电离辐射防护和辐射源安全的基本安全标准》对天然放射性的豁免值,因此使得部分陶瓷制品的放射性超标。

专家研究表明:釉面砖对消费者的辐射途径一是来自原材料的天然 γ、β 外照射,二是来自氡及其子体对人体的照射,另外超过使用寿命或人为损坏后脱落的釉面料尘被人体吸入或食入也会造成体内照射。

发达国家一般釉面砖仅用于厨房、卫生间、洗衣间的装饰,而在这些地方人们停留的时间很短,因此没有釉面砖放射性的限值。在我国,釉面砖普遍用于家居客厅和卧室甚至办公室的装饰,人们接触的时间一般为 19~22h,这就更容易造成室内放射性物质的污染,从而危及人们的健康。

如果氡来自建筑材料,则与层高无关,而是靠近建筑材料处的氡浓度高,远离处的氡浓度低,即氡浓度与建筑材料的距离有关。

三、燃料和富氡水中的氡

任何天然水中都存在氡。富氡水是指含氡浓度较高的水,其主要来源于含有机物、碳酸盐较多的土壤中。由于铀很容易形成可溶性铬化物,而这些可溶性铬化物可随着雨水的冲刷而流失,从而使得岩土中的放射性物质向水环境转移。

通常,地下水中的氡的当量浓度要比地表水(如河水、湖水)中氡的当量浓度要高。那些直接来自地下水或铀矿区、油气田区的水源,氡的当量浓度就更高了,而来自构造裂隙中的地下水,其氡浓度优势也很高。大量取用这些高氡浓度的地下水(即富氡水),

通过水的蒸发作用,如淋浴、洗衣等则可导致室内的高氡浓度。

另外,煤、煤气和天然气中也常含有相当浓度的氡,当它们在室内燃烧时,如果不能及时进行通风,也会造成室内氡浓度的积累。

通常来讲,土壤和建材两个是氡的主要来源,因为许多调查都显示燃料和富氡水在室内氡的散发只占总量的2‰左右。

四、烟草的燃烧

烟草的燃烧也可给室内带来氡污染。

由于植物在生长过程中可以吸收沉积在土壤中的氡及其子体,所以烟草中也含有氡及其子体,它们可以随着吸烟进入人的体内。

2.5 室内的臭气——氨

2.5.1 氨的性质及用途

氨(Ammonia)是一种无色气体,有着强烈的刺激性恶臭味。氨的分子式为NH_3,其分子量为17.03,密度为0.7714g/L,比空气轻。氨的熔点为-77.7℃,沸点为-33.35℃,自燃点为651.11℃,其蒸气压为1013.08kPa(25.7℃),蒸气与空气混合物的爆炸极限为16%~25%(最易引燃浓度为17%)。氨极易溶于水,在20℃的水中的溶解度为34%,25℃时,在无水乙醇中溶解度为10%,在甲醇中溶解度为16%,可溶于氯仿、乙醚,是许多元素和化合物的良好溶剂。氨的水溶液呈强碱性,0.1N水溶液的pH值为11.1。液态氨可以侵蚀某些塑料制品、橡胶和涂层。氨遇热或明火时难以点燃而危险性较低;但当氨和空气的混合物达到上述浓度范围时遇明火即会燃烧和爆炸,如周围有油类或其他可燃性物质存在,则危险性更高。氨与硫酸或其他强无机酸反应时大量放热,混合物可达到沸腾。氨不能与下列物质共存:乙醛、丙烯醛、硼、卤素、环氧乙烷、次氯酸、硝酸、汞、氯化银、硫、锑、双氧水等。

氨气可感觉的最低浓度为 5.3ppm。

氨是制造氮肥的重要原料,氨水还可用于合成纤维、燃料、塑料等。在建筑上,氨可用于混凝土添加剂如防冻剂、膨胀剂、早强剂以及涂料添加剂等。

2.5.2 氨对人体健康的危害

氨气对人及动物的上呼吸道及眼睛有着强烈的刺激和腐蚀作用,能减弱人体对疾病的抵抗力。人吸入氨气后,会出现流泪、咽痛、胸闷、咳嗽甚至声音嘶哑等症状,严重时还可引起心脏停搏和呼吸停止。在潮湿条件下,氨气对室内的家具、电器、衣物有腐蚀作用,对人的皮肤也有刺激和腐蚀作用。

一、氨对人体呼吸系统的危害

氨的溶解度极高,所以主要对动物或人体的上呼吸道有刺激和腐蚀作用,从而减弱了人体对疾病的抵抗力。

氨通常以气体形式被吸入人体。进入肺泡内的氨,除少部分被二氧化碳所中和外,其余剩下的被吸收至血液。氨进入血液后,有少量的氨会随着汗液、尿或呼吸排出体外,其他的则会与血红蛋白结合,使得人体循环系统的输氧功能遭到破坏。

短期内吸入大量氨气后可出现流泪、咽痛、声音嘶哑、咳嗽、痰可带血丝、胸闷、呼吸困难,并伴有头晕、头痛、恶心、呕吐、乏力等,有的还可出现紫绀、眼结膜及咽部充血及水肿、呼吸加快、肺部罗音等症状。严重者可发生肺水肿、成人呼吸窘迫综合症,喉水肿痉挛或支气管黏膜坏死脱落致窒息,还可并发气胸、纵隔气肿。经胸部 X 线检查呈支气管炎、支气管周围炎、肺炎或肺水肿等表现,且血气分析显示动脉血氧分压降低。

当氨的浓度过高时除产生腐蚀作用外,还可通过三叉神经末梢的反射作用引发心脏停搏和呼吸停止。当人接触的氨浓度为 $553mg/m^3$ 时会发生强烈的刺激症状,可耐受的时间为 1.25min;当人置于氨浓度为 $3500\sim7000mg/m^3$ 的环境时会立即死亡。

二、氨对人体其他系统的危害

氨是一种碱性物质,对接触的皮肤组织都有腐蚀和刺激作用。它可以吸收皮肤组织中的水分,使组织蛋白变性,并使组织脂肪皂化,破坏细胞膜结构,造成组织溶解性坏死。

误服氨水可导致消化道灼伤,有口腔、胸、腹部疼痛,呕血、虚脱的症状,还可发生食道、胃穿孔,同时还可能发生呼吸道刺激症状。

当眼接触到液氨或高浓度氨气时,会引起眼的灼伤,严重者可发生角膜穿孔。皮肤接触到液氨也会发生灼伤。

在潮湿条件下,氨气对室内的家具、电器、衣物也有腐蚀作用。

三、低浓度氨对人体健康的危害

虽然,到目前为止,国内外只有大量氨泄漏(急性氨中毒)对人体造成损害的记录,如对呼吸道、眼黏膜及皮肤的损害,出现流泪、头疼、头晕症状,甚至死亡等。但是对于长期吸入低浓度氨对人体的危害至今尚无科学定论。实验证明,长期吸入低浓度氨会使人体血液中的尿素水平明显上升,而这是医学上认为人体健康受到损害的一个标志。

为了证明空气中低浓度的氨对人体健康可以产生危害,专家们对在氨浓度为 $3 \sim 13 mg/m^3$ 的室内环境中工作的人群进行了监测。整个监测历时 8h,每个小组的监测对象均为 10 人。经过与不接触氨的健康人相比较,发现在氨浓度为 $13 mg/m^3$ 的室内环境中工作的人群的尿中的尿素和氨含量均有增加,而血液中尿素的增加则非常明显。

另外,专家们提供的养鸡场鸡舍中氨气对鸡的影响的资料,也可作为低浓度氨对人体健康影响的参考。由于鸡粪中能产生大量的氨气,所以当鸡舍空气中氨气的浓度达到 20ppm(相当于 $15.2 mg/m^3$)时,如果持续 6 周以上,就会引起鸡的肺部充血、水肿,鸡群食欲下降,产蛋率降低,易感染疾病;如果氨的浓度达到 50ppm,数日后鸡会发生喉头水肿、坏死性支气管炎、肺出血,呼吸频率降低,并出现死亡的现象。所以,鸡舍空气中氨浓度要求控制在 20ppm 以下。

通过以上两个试验可以证实:室内空气中低浓度的氨污染也会对人体健康产生危害,绝对不可以掉以轻心。

2.5.3 室内空气中氨的来源

室内的氨污染主要来自于以下几个方面:
(1) 施工中使用的混凝土添加剂如防冻剂、膨胀剂和早强剂;
(2) 建筑装修材料中的胶粘剂、涂料添加剂以及增白剂;
(3) 人体代谢废弃物。

图 9　令人讨厌的氨

一、施工中使用的冬季混凝土添加剂、高碱混凝土膨胀剂和早强剂

在我国的北方地区,冬季气候非常寒冷,因此,如需在此时进行建筑施工,施工单位一般需要在混凝土中添加防冻剂才能进行。另外,为了提高混凝土的凝固速度,施工单位还经常使用高碱混凝土膨胀剂和早强剂。由于一些防冻剂、膨胀剂和早强剂中含有大量的尿素和氨水,这使得完工后的建筑墙体和楼板中含有大量的氨。在以后的使用过程中,当温度和湿度升高时,这些氨就会逐渐释放出来,导致建筑物中的氨气浓度超标,严重危及了住户的身体健康。

针对以上这种情况,2000 年 3 月 1 日,北京市建委已宣布淘汰此类防冻剂,任何施工单位不得使用。这使得室内氨污染的情况有所好转。

二、材料中的胶粘剂、涂料添加剂以及增白剂

由于木制板材使用的胶粘剂中的脲素本身含有的 NH_3 分子易释放到空气中,造成室内空气氨的污染。一次检测表明,木制板材中的氨污染比较严重。这次检测共抽查了 216 件样品,其中有 21 件的检测结果高于理发馆卫生标准,样品超标率 10%。检测结果范围为 0.21~1.02mg/m³,平均浓度为 0.32mg/m³,最大值为 1.02mg/m³,高于理发馆卫生标准 1 倍。

另外,室内空气中的氨也可来自室内装饰材料,比如家具涂饰时所用的添加剂和增白剂大部分都用氨水,氨水已成为建材市场中必备的商品。由于这种污染释放期比较快,不会在空气中长期大量积存,因此对人体的危害相应小一些,不过,这也应引起大家的注意。

三、人体代谢废弃物

人体在不停地进行新陈代谢,同时产生了大量的新陈代谢废弃物。这些废弃物主要是通过呼吸、大小便、汗液等排出体外。在人的呼出气体中,主要含有二氧化碳、水蒸气以及一些氨类化合物等内源性气态物质。据英国环境部 1995 年的报告指出:5700 万

的英国人每年通过呼吸和排汗向大气中释放出大约 2500～14000t 的氨,即每人每日平均释放的氨为 120～670mg 左右。由于人大约有 80% 的时间是在室内活动,因此,这些氨中的 80% 是排放在室内。

另外,人的排泄物中也含有大量的氨。一些废弃物,如生活污水,其中的含氮有机物在细菌的作用下也可以分解为氨。这些都可能给室内环境带来氨污染。

2.6　可吸入颗粒物

2.6.1　室内环境中的可吸入颗粒物

一、可吸入颗粒物的特性

空气中悬浮着大量的固体或液体颗粒,这些颗粒就被称为悬浮颗粒物。

悬浮颗粒物按粒径大小可以分为降尘和飘尘。降尘是指空气中粒径大于 $10\mu m$ 的悬浮颗粒物,由于重力作用容易沉降,在空气中停留时间较短,在呼吸作用中又可被有效地阻留在上呼吸道上,因而对人体的危害较小。飘尘是指大气中粒径小于 $10\mu m$ 的悬浮颗粒物,能在空气中长时间悬浮,它可以随着呼吸侵入人体的肺部组织,故又称为可吸入颗粒物。由于可吸入颗粒物可以深入到呼吸系统,因此它对人体的健康危害较大。

不同粒径的可吸入颗粒物滞留在呼吸系统的部位不同,粒径大于 $5\mu m$ 的多滞留在上部呼吸道;小于 $5\mu m$ 的多滞留在细支气管和肺泡;颗粒物越小,进入的部位越深,$2.5\mu m$ 以下的多在肺泡内沉积,但小于 $0.4\mu m$ 的颗粒物能自由的进出肺泡,故沉积较少。

可吸入颗粒物在空气中是以气溶胶的形态存在。

二、室内空气中可吸入颗粒物的种类

可吸入颗粒物的特性因其来源不同而不同。一般来讲,可吸入颗粒物包括石棉、玻璃纤维、磨损产生的粉尘、无机尘粒、金属微

粒、有机尘粒、纸张粉尘和花粉等。其中,石棉和重金属微粒对人体健康的危害极大。

(1) 石棉

石棉是一种可剥分成细长而柔软的纤维状硅酸镁盐的总称,它广泛分布于地球的岩石圈,也存在于许多的土壤中。石棉的化学性质不活泼,具有极好的抗张强度和良好的隔热性与耐腐蚀性,不易燃烧。

石棉主要有温石棉、青石棉和铁石棉等品种。各种石棉均能分成很细且富有弹性的纤维。在各类石棉中,温石棉的含量最丰富,用途最广,占全球石棉产量的95%,其纤维柔软、卷曲、细长。

石棉有数千种商业和工业用途,主要有石棉水泥制品、乙烯石棉地板、石棉纸、石棉毡、石棉摩擦材料和石棉纤维等。在建材工业上,石棉主要用作保温绝缘材料和某些建材制品,如石棉水泥制品的增强材料、空调暖气管道的保温材料等。

(2) 重金属

相对密度在5以上的金属统称为重金属。室内空气中的重金属元素包括铅、汞、铬和镉等几种,它们一般在室内空气中以微粒和蒸气两种方式存在。其中,铅是室内环境中最常见的污染物。

铅在地球上分布很广,在自然环境中多为其硫化物,仅少量为金属状态,并常与锌、铜等元素共存。铅是一种银灰色的软金属,它及其化合物在常温下不易氧化、耐腐蚀,在高温(400~500℃)时可逸出大量的铅蒸气。环境中的铅由于不能被生物代谢所分解,因此它在环境中属于持久性污染物。

据英国卫生组织调查,住宅内尘埃的平均含铅浓度为千分之一点三,比公园土壤中铅的含量高一倍。

2.6.2 可吸入颗粒物对人体的危害

一、普通可吸入颗粒物对人体健康的危害

可吸入颗粒物进入人的肺部后,一部分又可以随着呼吸排出体外,剩下的那部分就沉积在肺泡上。可吸入颗粒物的沉积率随

— 58 —

着微粒的直径减小而增加,其中 $1\mu m$ 左右的微粒有 80% 沉积在肺泡上,且沉积时间也最长,可达数年之久。大量的可吸入颗粒物在肺泡上沉积下来后,使得局部支气管的通气功能下降,细支气管和肺泡的换气功能减低,可引起肺组织的慢性纤维化,导致肺心病、心血管病等一系列病变,并可以降低人体的免疫功能。

另外,可吸入颗粒物又是多种污染物、细菌病毒等微生物的"载体"和"催化剂"。现已查明,室内空气中大致有几十种致癌物质,其中主要的是多环芳烃及其衍生物和放射性物质(如氡及子体)等,这些致癌物质绝大多数是以吸附在可吸入颗粒物上而存在于室内空气环境中的,并随着可吸入颗粒物被吸入人体内。当这些致癌物质随着可吸入颗粒物进入到人的肺部后,可诱发各种癌症。

可吸入颗粒物还可以与硫的氧化物发生反应,在水气的作用下形成硫酸雾,其毒性比二氧化硫大 10 倍。这样的可吸入颗粒物被吸入肺部后,则会引起肺水肿和肺硬化而导致死亡。如著名的伦敦烟雾事件就是由于当时空气中的高浓度的二氧化硫和可吸入颗粒物协同作用造成的,一周内使 4000 人死亡。

更为重要的是,可吸入颗粒物进入人体呼吸系统后,其携带的有毒有害物质能很快就被肺泡直接吸收并由血液送至全身,而不需要经过肝脏的转化作用,这就使得这些有毒物质对人体健康的危害加大。

二、石棉对人体健康的危害

石棉对人具有极大的危害,但直到 20 世纪 80 年代,它的危害才引起了人们的普遍关注。目前,美国已将石棉列为"毒性物质","国际癌症研究中心"将石棉列为致癌物质。

20 世纪初,在"石棉肺"(Asbestosis)被发现后,虽然大量的研究证明了这种病是因为吸入石棉粉尘引起的,但人们认为它只是"矽肺病"的一种,而与肺癌的形成并无直接关系。随着对"石棉肺"的研究继续进行,人们这时才发现,石棉粉尘能导致一种称作"间皮瘤"(mesothelioma)的疾病。所谓"间皮瘤"其实就是一种发生在胸肋或腹膜上的癌症,这是一种绝症,它的潜伏期可以长达30～45年。据大量的临床观察,如果在人的肺中沉积了大约1克的石棉,就有可能产生严重的肺癌;如果在胸肋和腹膜上沉积了大约1毫克的石棉,就会发生"间皮瘤"。

科学家的研究还发现:吸烟对石棉粉尘的吸入有着增强作用。据统计,接触过石棉的工人得肺癌后去世者是正常人的8倍,而吸烟的石棉工人,则是他们的192倍。

三、铅对人体健康的危害

铅不是人体所需的微量元素,且它与有机物不同,不能降解演变为无毒化合物,一旦进入人体就会积累滞留、破坏机体组织。

铅可以以粉尘和烟雾的形式通过呼吸道和消化道进入人体。经呼吸道的铅吸收较快,大约有20%～30%的被吸进血液循环系统;经消化道吸收的铅大约为5%～10%。铅吸收后通过血液循环进入肝脏,其中的一部分与胆汁一起进入小肠内,最后随粪便排出体外;剩下的那一部分进入血液。在初期阶段,血液中的铅主要分布在各组织里面,以肝和肾中的含量最高,最后,组织中的铅会变成不能溶解的磷酸铅沉积在骨头和头发等处。

铅及其化合物进入细胞后可与酶的疏基结合,抑制酶的功能,因此铅对于人体内的大多数系统均有危害,特别是损伤骨髓造成血系统、神经系统、生殖系统、心血管系统和肾脏。当血液中铅含量达到较高水平时(大约 $80\mu g/dL$)可以引起痉挛、昏迷甚至死亡。低含量的铅也可以对中枢神经系统、肾脏和血细胞均有损害作用。当血液中铅含量为 $10\mu g/dL$ 时就可以损害神经系统和生理机能,幼红细胞和血红蛋白过少性贫血是慢性低水平铅接触的主要临床表现。慢性铅中毒还可引起高血压和肾脏损伤。

铅还可以通过胎盘、乳汁影响后代,婴幼儿由于血脑屏障发育未完善,对铅的毒性更为敏感。据美国的一份调查表明,当儿童三岁时体内的血铅浓度超过 $30\mu g/dL$,其长到七岁时可呈现明显的智力及行为缺陷。

2.6.3 室内环境中可吸入颗粒物的来源

一、一般可吸入颗粒物的来源

室内环境中一般可吸入颗粒物的来源可以分为两个部分:室外来源和室内来源。

室外空气中存在着大量的可吸入颗粒物,除自然界的风沙尘土、火山爆发、森林火灾和海水喷溅等自然来源外,主要来源于各种燃烧、交通运输及其工业生产的排放,主要的工业污染源有钢铁厂、有色金属冶炼厂、火力发电厂、水泥厂和石油化工厂。室外空气中的可吸入颗粒物可以通过门、窗及门窗的缝隙进入室内,从而对室内空气造成污染。

可吸入颗粒物的室内来源主要是由人的活动引起的,如燃烧、吸烟、行走、衣物扬尘等,均能产生大量的可吸入颗粒物。

二、石棉的来源

石棉进入环境主要有两种途径:一是自然途径,主要通过风化、滑坡、火山爆发等自然过程进入大气。另一途径是由于人类生产和生活过程中使用石棉及其制品所致,主要包括石棉采矿,石棉制品的生产、使用和处理,清除和维护建筑中安装的石棉材料。

室内空气中的石棉主要来源于室内环境。室内环境中的石棉及含石棉的建筑材料,经长时间磨损、机械振动或人为的损伤以及老化等,均可导致室内空气中石棉浓度的增高。

三、室内重金属粒子的来源

室内的重金属污染主要来源于以下几个方面:

(1)内墙涂料的助剂:水性涂料须加入一定量的防腐剂和防霉剂,含有汞、铜、锡、砷等金属有机化合物的防腐剂防霉剂,具有较强的杀菌力,虽然其含量比较少,但其中有许多是半挥发性物质,其毒性不亚于挥发性有机物,有的毒性可能更大,其挥发速度慢,对居室有长期性的作用,对人体也有较大的毒害。

(2)颜料和涂料:作为颜料和涂料的主要成分的铅白、红丹、铬黄等都含有铅。因此,在这些物质的使用过程中,就会有大量的含铅粉尘飘散在室内空气中。

(3) 室外污染源:被污染的土壤,携污染物的灰尘可能随人一起被带入室内。国内行驶的汽车,绝大多数由于在汽油中加入一种含铅的物质作为抗震剂,所以汽车的尾气中也含铅较多。

(4) 室内吸烟:香烟燃烧时,烟雾中含有极为微量的铅颗粒,虽然其量很少,但长期吸入,也会引起蓄积中毒。

(5) 室内某些装饰品,如用颜料、白漆修饰的墙壁。此外涂有色彩的玩具,印有彩色画的图书,搪瓷等均含有铅。

2.7 生物体污染

在城市中,室外大气的污染越来越严重。另外,随着经济的发展,供暖和空调设备的使用也越来越普及。因此,从防止室外空气对室内环境的污染和节约能源的目的出发,人们把建筑修得越来越封闭。但是,这种封闭带来的舒适同样也给室内的一些有害生物创造了良好的孳生条件,给我们自己带来了一种新的污染——生物体污染。

室内生物体的污染主要有尘螨的污染、细菌和病毒的污染、军团杆菌的污染(军团杆菌是细菌的一种,但由于其对人体健康的危害较大,故将其单列)。

2.7.1 尘螨的污染

一、尘螨

尘螨(Dust mite)是一种肉眼不易看清的微型害虫,归属节肢动物门蜘蛛纲。它不仅能够咬人,而且还会使人致病。尘螨普遍存在于人类居住和工作的环境中,尤其在温暖潮湿的沿海地带特别多。

尘螨的种类很多,室内最常见的是屋尘螨。屋尘螨的大小约为 $0.2\sim0.3$mm,它以吃人体脱落的皮屑为生。

二、尘螨的危害

现代医学对螨进行深入的研究,证明螨中的尘螨(包括其蜕下的皮壳、分泌物、排泄物、虫尸碎片等)对人体是一种强过敏源,可诱发各种过敏性疾患,如过敏性哮喘、过敏性鼻炎、支气管炎、肾炎和过敏性皮炎等。这些物质随着人们的卫生活动(如铺床叠被)飞入空中后被吸入肺内,过敏体质者在这些过敏原的刺激下,就会产生特异性的过敏抗体,并出现变态反应,即患上各种变态反应性疾病。

据报道,丹麦 60% 以上的哮喘病是由尘螨过敏造成的。

三、尘螨的生存环境

尘螨能在室温 20～30℃ 环境中生存,其适宜湿度为 75%～85%,空气流通大的地方,尘螨极易死亡。尘螨在阴暗潮湿的环境中能够大量的繁殖,夏季是其一年中的繁殖高峰。

居室内的尘螨主要孳生于卧室中,多见于地毯、沙发、被褥、坐垫、枕头和不常洗涤的衣服中。另外,空调机也是尘螨孳生的好地方。

一些装修较好的家庭,尤其是儿童活动室中,如果长时间使用空调而没有勤开门窗,则使得室内的温度和湿度以及气流都非常适宜于尘螨的生长,特别是在床褥和纯毛地毯下面,孳生得最多。

2.7.2 细菌和病毒的污染

一、室内的细菌和病毒

细菌和病毒都属于微生物。在任何环境下,微生物的生长都离不开以下三个条件:

(1) 适宜的湿度;

(2) 适宜的温度;

(3) 适宜的营养物质载体。

在现代家庭中,温度和湿度都非常适宜微生物的生长,且有着丰富的营养物质载体,因此很适宜于微生物的生长。

在室内,一般存在着以下细菌和病毒:溶血性链球菌、绿色链球菌、肺炎双球菌、流感病毒、结核杆菌、白喉杆菌、脑膜炎球菌、麻疹病毒等。

室内的细菌和病毒可依附在空气中的尘埃上(颗粒直径小于5μm的尘埃可较长时间地停留在空气中)。

二、室内细菌和病毒的来源

室内的细菌和病毒主要来源于人自身。人们通过说话、咳嗽、打喷嚏等活动,可以将口腔、咽喉、气管、肺部的病原微生物通过飞沫喷入空气,传播给别人。

暖通空调系统也是室内细菌和病毒的一个重要来源,这主要是基于以下几个原因:

(1) 不清洁的中央空调本身就是污染源。

设在大楼外墙的水冷式水塔,因为日晒雨淋,很容易积聚污物,助长细菌的孳生。冷气机的进风口多设在隐蔽之处,而这些地方一般满布污垢、垃圾,环境卫生欠佳,蚊虫细菌孳生。冷气机抽入这种被污染了的空气后,细菌会积聚在冷气槽内。冷气管道和冷气系统内的隔尘设备因缺少清洗和维修,或因选用了低功能的隔尘网,都会令细菌通过冷气槽传遍办公室。更因为冷气槽隐蔽在顶棚上,所以,人们不知道它究竟是否受污染,一般只清洗冷气机的隔尘网。

(2) 我国的楼宇中,还有一些国外没有的特殊细菌。

由于我国的办公楼普遍设有食堂,有食物的地方就有老鼠,空调管道成了它们的秘密通道。因为冬暖夏凉,甚至有老鼠在管道内做窝。死老鼠身上携带的病菌便也借助空调向外扩散。

(3) 除了生产污染物外,中央空调还是传播污染物的"能手"。

空调传播细菌的方法和它的运作原理相同:把空气从室外抽进来,经过隔离网送入冷凝系统处理,再传送至大楼的各个楼面的各个角落。

2.7.3 军团杆菌的污染

一、军团杆菌

军团杆菌是细菌的一种,它属于革兰氏阴性杆菌,为需氧菌,它的最适宜生存温度为 35℃,pH 值为 6.9~7.0。军团杆菌广泛存在于土壤和水体中,抵抗力较强,在自然环境中至少可以存活 1 年以上,如在自来水中,它可存活 1 年左右,在蒸馏水中也能存活 100 天左右。

二、军团杆菌危害

军团杆菌病的爆发时间一般是在仲夏和初秋,且易发生在封闭式中央空调房间内。它的易感人群为老年人、吸烟者和有慢性肺部疾病者。

人染上军团杆菌病后,其症状类似于肺炎,表现为发冷、不适、肌痛、头昏、头痛,并有烦躁、呼吸困难、胸痛,90% 以上的患者体温迅速上升,咳嗽并伴有黏痰。重症病人可发生肝功能变化及肾衰竭。

引起全世界重视的最早一例军团杆菌病病症发生在 1976 年的美国。当时,29 名退伍军人在费城举行了一次聚会,但在聚会过后,他们竟然集体生病,最不幸的得了肺炎,一命呜呼。医学专家经过仔细调查发现,这些退伍军人聚会的那间房间里的冷气槽内,生活着一种不知名的细菌——之所以发生这场悲剧,正是因为这些退伍军人长时间地吸入了由这台带菌冷气槽放送的空气!后来,人们就把这种细菌就叫做军团病菌,由于它是革兰氏阴性杆菌的一种,因此又称作军团杆菌。

三、军团杆菌的来源

军团杆菌是水中常见的一群微生物,其存在的环境是天然淡水源。美国的一次大规模调查发现,有半数被检测的淡水样品都含有军团杆菌,如冷却塔水、冷凝器的冷凝水、加湿器的水、温水水箱水、温水游泳池水、浴池水、水龙头水、淋浴喷头水、医用喷雾器水等处都检出了军团杆菌,而空调系统(主要是冷却塔水)带菌则是造成军团杆菌病爆发流行的最主要原因。

2.8 室内的其他污染

2.8.1 燃料燃烧的污染

一、燃料燃烧产物的成分

居室内的燃料燃烧产物污染,主要是来自固体燃料(如原煤、焦炭、蜂窝煤、煤球等)、气体燃料(如天然气、煤气、液化石油气等)和生物燃料的燃烧。

燃料燃烧产物的污染物一部分来自燃烧物自身所含有的杂质成分,如硫、氟、砷、镉、灰分等;另一部分污染物来自燃烧物在加工制作过程中,或在种植过程中所使用的化学反应剂、化肥、农药等;再有一部分污染物是由于燃烧物经过 250℃ 以上的高温作用后,发生了复杂的热解和合成反应,产生了很多种有害物质。

高温的程度不同,生成的有害物质的种类和数量也不相同。

燃烧后能够充分氧化的产物称为燃烧完全产物(或称充分燃烧产物),如 SO_2、NO_2、CO_2、As_2O_3、NaF 以及很多无机灰分等。燃烧完全产物不可能再通过充分燃烧来降低它们对环境的污染。

很多分子量很大的含碳物质,在燃烧过程中若未能充分氧化分解成简单的 CO_2 和水汽,则可热解合成多种中间产物,如 CO、SO_x、NO_x、甲醛、多环芳烃类化合物、炭粒等,这类产物称为燃烧不完全产物。燃烧不完全产物可以通过充分燃烧而降低其浓度。

(1)煤的燃烧产物

煤的燃烧是一种强氧化过程,伴有各种复杂的化学反应,如热裂解、热合成、脱氢、环化及缩合等反应。在不同的反应过程中煤会产生不同的化学物质。据统计,煤的燃烧产物总计多达数百种化合物,它们主要可以分为以下 7 大类:碳氧化合物、含氧烃类、多环芳烃、硫氧化合物、氟化物、金属及非金属化合物和悬浮颗粒物等。

(2)气体燃料和液体燃料的燃烧产物

与煤等固体燃料相比,气体燃料和液体燃料属于清洁燃料,而且容易燃烧完全,颗粒物较少,污染程度较轻,但仍可释放少量的 CO、CO_2、NO、NO_2、SO_2 等污染物,造成室内空气污染。

(3) 生物燃料的燃烧产物

生物燃料主要指木材、庄稼废料等。这些燃料具有共同的特点,即含有复杂的有机物——植物蛋白质和碳水化合物等,以及其他一些元素,燃烧后往往产生对人体健康有害的物质,但燃料本身并不含有此类化合物。

生物燃料的燃烧主要产生 3 种污染物:悬浮颗粒物、碳氢化合物和一氧化碳。

二、燃料燃烧产物对人体健康的危害

燃料燃烧产物是一组成分很复杂的混合性污染物,至今仍然是很多国家的室内主要污染物,它对室内人群的健康有很大影响。燃料燃烧产物主要是影响呼吸系统、心血管系统、神经系统等,尤其在诱发肺癌方面,危险性极大。

(1) 煤燃烧产物对人体健康的危害

煤燃烧产物对人体健康的危害极大,由其引起的典型病害有:氟中毒、砷中毒和肺癌。氟中毒和砷中毒是由煤中含有的氟和砷引起的,而引起肺癌的污染物主要是苯并[a]芘等多环芳烃类物质。

另外,煤燃烧还会生成大量的悬浮颗粒物和二氧化硫,这些物质可引发人呼吸系统的疾病。其中典型的病症为慢性阻塞性肺病,它包括慢性支气管炎、支气管哮喘和肺气肿,临床上常表现为原因不明的慢性咳嗽、咳痰和进行性气急、通气和换气功能异常。

(2) 气体燃料和液体燃料燃烧产物对人体健康的危害

由于气体和液体燃料燃烧时仍可释放少量的 CO、CO_2、NO、NO_2、SO_2 等污染物,因此其主要危害是对人的眼睛有刺激感、使人觉得不舒服。另外,它们燃烧时也可产生不少的悬浮颗粒物,这对人体肺部的损害较大。在悬浮颗粒物中,还含有大量的间接和直接致癌物,这会导致一些癌症的产生。

(3) 生物燃料燃烧产物对人体健康的危害

生物燃料的燃烧产物是一种危害健康的因素,其作用类型及严重程度取决于局部情况、燃料类型及受害人群。人们的文化水平、生活习惯和住房条件也是决定其危害程度和性质的重要因素。气候以及气象条件也影响接触生物燃料烟气的机会,因为寒冷、潮湿的气候比干燥、暖和、阳光充足使人们呆在室内的时间更长。通常的,将生物燃料的燃烧产物引起的健康危害分为以下几类:慢性阻塞性肺部疾病;心脏病,尤其是肺损伤引起的肺心病;癌症和急性呼吸道感染。

2.8.2 烟草燃烧的污染

一、烟草燃烧的产物

烟草的成分相当复杂,含有各种物质达数千种之多,其中可计量的物质就有 1200 多种。这些物质主要是碳水化合物(占 40% ~50%)、羧酸、色素、萜烯类物质、链烷烃、类脂物质、少量蛋白质及可能沾染上的农药和重金属元素等。

烟草的燃烧产物也是混合物,统称烟草烟气,至今已发现其中成分有 3800 种。

吸烟者的吸烟过程,是香烟在不完全燃烧过程中发生一系列热分解与热化合的化学反应过程。在一支香烟燃烧时放出的烟雾中,其中 92% 为气体,主要有氮、氧、二氧化碳、一氧化碳及氰化氢类、挥发性亚硝胺、烃类、氨、挥发性硫化物、酚类等;另外 8% 为颗粒物,主要有烟焦油和烟碱(尼古丁)。

二、烟草燃烧产物对人体健康的危害

烟草燃烧产物对吸烟者和被动吸烟者的身体健康均造成极大的危害。

吸烟者吸烟时,大约有 10% 的香烟烟雾进入吸烟者的身体内,经气管、支气管到达肺部,一小部分与唾液一起进入消化道。无论经呼吸道或消化道,进入人体内的有害物质最终均被吸收进入血液循环,引起各系统、组织、器官发生病变。大量的调查研究已证实了吸烟是引起肺癌发病的主要原因。此外,吸烟还可引起喉癌、咽癌、口腔癌、食道癌等。香烟烟雾以及其中的有毒物对鼻、咽喉、器官、支气管及肺长期作用，可引起急性慢性炎症甚至导致慢性支气管炎和肺气肿。吸烟还是冠心病的 3 种主要致病因素之一。吸烟使人易患消化系统疾病，并对神经系统、生殖系统造成损害。

被动吸烟又称间接吸烟或非自愿吸烟。它是指当不吸烟的人和吸烟的人在一起时，由于暴露于充满香烟烟雾的环境中而被迫吸进香烟烟雾。不吸烟者每天被动吸烟 15min 以上，则被定为被动吸烟者。被动吸烟者由于吸进了香烟烟雾，所以同样会对身体带来危害。香烟燃烧时释放出许多毒性物质和致癌物质。由吸烟者自己从香烟尾部吸入的烟雾，称为主流烟雾；从燃烧着的烟头处产生、冒出的烟雾称为侧流烟雾。通常情况下，未吸烟时的侧流烟雾温度比吸烟时的主流烟雾温度低，致使侧流烟雾中烟焦油颗粒比主流烟雾中的小，而有害物质浓度比主流烟雾中高。其中，一氧化碳及烟碱质量浓度是主流烟雾的三倍，苯并[a]芘质量浓度是主流烟雾的 4 倍，氨质量浓度是主流烟雾的 46 倍。

研究表明，非吸烟者患肺癌死亡人数的半数以上是因为被动吸烟所致。其主要原因是因为室内吸烟可产生大量的氡，导致被动吸烟者大量吸入氡及其子体，该作用比烟草烟雾中的其他化学化合物的致癌性大得多。

2.8.3 烹调油烟的污染

一、烹调油烟的成分

烹调油烟是指食用油加热后产生的油烟。通常，当炒菜的油的温度在 250℃ 以上时，油中的物质就会发生氧化、水解、聚合、裂解等反应，这时，烹调油烟就会从沸腾的油中挥发出来。

油烟中的致突变物来源于油脂中的不饱和脂肪酸的高温氧化和聚合反应。烹调油烟也是一组混合性污染物，约有 200 多种成分。

据分析，烹调油烟的毒性与原油的品种、加工精制技术、变质程度、加热温度、加热容器的材料和清洁程度、加热所用燃料种类，烹调物种类和质量等因素有关。

二、烹调油烟对人体健康的危害

烹调油烟是发生肺鳞癌和肺腺癌共同的危险因素。研究表明,女性肺癌与油烟暴露有明显的联系,而且,患肺癌的危险性随着油煎或油炸食物的次数增加而增高。

另外,大量的油烟附着在皮肤表面,不仅妨碍皮肤的正常呼吸和新陈代谢,而且油烟中的有害物质还能渗入皮肤中,促进皮下脂肪氧化,并刺激皮肤细胞,造成皮肤提前衰老。

研究认为,菜油、豆油含不饱和脂肪酸较多,故具有较高的致突变性;而猪油中含不饱和脂肪酸较少,因此无致突变性。另外,由于我国习惯上采用高温油烹调,所以我国的传统烹调方法对人体健康的影响较大。

2.8.4 室内臭氧的污染

一、臭氧的特性

臭氧的分子符号为 O_3,分子量是 48,熔点为 $-192.70℃$,沸点为 $-111.9℃$,在水中可以微溶,相对密度约为空气的 1.7 倍,约为氧的 1.5 倍,在大气中仅有微量存在,稀薄状态是近乎无色无臭、不可燃的气体。低浓度时具有特殊的草腥味(森林瀑布边的清爽新鲜空气味),高浓度时则呈淡蓝色,具有一种特殊的刺激性味道。臭氧(O_3)为氧的同位素,也是一种非常活泼的分子,由三个氧原子组成的不稳定气体。在常温 $18\sim30℃$ 时,可迅速分解为氧分子(O_2)与氧原子(O),当还原成氧气时,氧原子游离出来,氧原子化学性质活泼,具有强效的氧化力与分解力,消毒、杀菌力特强。

O_3 可由两种方式形成,一是紫外线撞击微粒,二是高压放电产生,因此,在雷雨之后或是暴晒过的衣物上都能闻到清新的气味。

二、室内臭氧对人体健康的危害

由于臭氧具有强烈的刺激性,因此它对人体健康有一定的危害作用。

科学研究表明,臭氧可以刺激和损害人体深部的呼吸道,并可损害人的中枢神经系统,对眼睛也有轻度的刺激作用。

不同浓度的臭氧对人体的影响不同。当室内空气中臭氧的浓度为 0.05ppm 时,可引起皮肤、鼻和咽喉黏膜的刺激,会出现皮肤刺痒、眼睛刺痛、呼吸不畅、咳嗽和头痛等症状;当臭氧在 0.1～0.5ppm 时,可引起哮喘的发作,导致上呼吸道疾病的恶化,同时还可刺激眼睛,使视觉敏感度和视力降低;当臭氧浓度为 1ppm 以上时,可引起头痛、胸痛、思维能力下降,严重时可导致肺水肿和肺气肿,阻碍人体血液输氧的进行,使得人体的一些组织缺氧。有过敏体质的人,如果长时间暴露在较高含量的臭氧环境中,可能会导致慢性肺病,甚至产生肺纤维化等永久伤害。

另外,臭氧还能使人体甲状腺功能受损,骨骼钙化,有的甚至还可引起潜在性的全身影响,如诱发淋巴细胞染色体畸变,损害某些酶的活性和产生溶血反应。

三、室内臭氧的来源

臭氧是一种刺激性气体,它主要来自室外的光化学烟雾。

另外,室内的电视机、复印机、负离子发生器、激光印刷机、电影放映灯、空气净化器、电子消毒柜等在使用过程中都能产生臭氧。

2.8.5 电磁波的污染

一、电磁波污染的特性

电磁波是电场和磁场周期性变化产生波动通过空间传播的一种能量,也称作电磁辐射。

如果在人类作业和生活的环境中电磁波超过一定的强度,人体受到长时间的辐射,就会产生不同程度的伤害,这就称作电磁波污染。

电磁波污染对人体危害的程度与电磁波波长有关。按对人体危害的程度由大到小排列,依次为微波、超短波、短波、中波、长波,即波长越短,危害越大。

微波对人体作用最强的原因,一方面是由于其频率高,使机体内分子振荡激烈,摩擦作用强,热效应大;另一方面是微波对机体的危害具有积累性,使伤害不易恢复。

二、电磁波污染的危害

到目前为止,关于电磁辐射对人体危害的研究历时较长,国内外多数学者带有共识性的观点认为,电磁辐射对人体具有潜在危险。近年来,国内外对电磁辐射危害的相关报道不胜枚举。具体危害主要有以下六个方面:

(1) 电磁辐射是造成儿童患白血病的原因之一

医学研究证明,长期处于高电磁辐射的环境中,会使血液、淋巴液和细胞原生质发生改变。意大利专家研究后认为,该国每年有 400 多名儿童患白血病,其主要原因是距离高压电线太近,因而受到了严重的电磁污染。有研究表明,一个 15 岁以下的儿童,如果生活在电磁波为 $0.3\mu T$(微特斯拉)的房间里,那么他患白血病的可能性将比一般儿童高 4 倍;生活在电磁波为 $0.2\mu T$(微特斯拉)的地方,白血病的发病率也比正常情况下高出 3 倍。

(2) 电磁辐射能够诱发癌症并加速人体的癌细胞增殖

电磁辐射污染会影响人体的循环系统、免疫、生殖和代谢功能,严重的还会诱发癌症,并会加速人体的癌细胞增殖。瑞士的研究资料指出,周围有高压线经过的住户居民,患乳腺癌的概率比常人高 7.4 倍。美国得克萨斯州癌症医疗基金会针对一些遭受电磁辐射损伤的病人所做的抽样化验结果表明,在高压线附近工作的工人,其癌细胞生长速度比一般人要快 24 倍。这就是说,电磁波有致畸、致突变、致癌的效应。

(3) 电磁辐射能影响人们的生殖系统

主要表现为男子精子质量降低,孕妇发生自然流产和胎儿畸形等,某省对某专业系统 16 名女性电脑操作员的追踪调查发现,接触电磁辐射污染组的操作员月经紊乱明显高于对照组,其中 8 人 10 次怀孕中就有 4 人 6 次出现异常妊娠。有关研究报告指出,孕妇每周使用 20 小时以上计算机,其流产率增加 80%,同时畸形儿出生率也有所上升。

（4）电磁辐射可以导致儿童智力残缺

据最新调查显示,我国每年出生的 2000 万儿童中,有 35 万为缺陷儿,其中 25 万为智力残缺,有专家认为电磁辐射也是影响因素之一。世界卫生组织认为,计算机、电视机、移动电话的电磁辐射对胎儿有不良影响。专家警告:电磁辐射可能导致儿童智力残缺。

（5）电磁辐射能影响人们的心血管系统

表现为心悸,失眠,部分女性经期紊乱,心动过缓,心搏血量减少,窦性心率不齐,白细胞减少,免疫功能下降等。如果装有心脏起搏器的病人处于高电磁辐射的环境中,会影响心脏起搏器的正常使用。

（6）电磁辐射对人们的视觉系统有不良影响

由于眼睛属于人体对电磁辐射的敏感器官,过高的电磁辐射污染还会对视觉系统造成影响,主要表现为视力下降,引起白内障等。

另外,高剂量的电磁辐射还会影响及破坏人体原有的生物电流和生物磁场,使人体内原有的电磁场发生异常。值得注意的是,不同的人或同一个人在不同年龄阶段对电磁辐射的承受能力是不一样的,老人、儿童、孕妇属于对电磁辐射的敏感人群。

三、电磁波污染源

影响人类生活的电磁波污染可以分为天然污染源与人为污染源两种。

天然的电磁波污染是由某些自然现象引起的。最常见的是雷电,它除了可以对电气设备、飞机、建筑物等直接造成危害外,还可以在广大地区从几千赫兹到几百兆赫兹的极宽频率范围内产生严重的电磁波污染。此外,太阳和宇宙的电磁场源的自然辐射,以及火山喷发、地震和太阳黑子活动引起的磁暴等也都会产生电磁波污染。

人为的电磁波污染主要有:

（1）脉冲放电

例如切断大电流电路时产生的火花放电,其瞬时电流变化率很大,会产生很强的电磁波污染。

（2）工频交变电磁场

例如在大功率电机、变压器以及输电线等附近的电磁场，它并不以电磁波形式向外辐射，但在近场区会产生严重的电磁波污染。

（3）射频电磁辐射

例如无线电广播、电视、微波通信等各种射频设备的辐射，频率范围宽广，影响区域也较大，能危害近场区的工作人员。

目前，射频电磁辐射已经成为电磁波污染的主要因素。这主要是因为现代化的生活离不开家用电器，而家用电器在居室中产生的电磁波却直接危害着人们的健康，给人们的生存环境带来不同程度的污染。各种家用电器电磁波强度见表 2-7。

家用电器电磁波强度（单位：μT） 表 2-7

辐射半径	3cm	30cm	1m
剃须刀	15～1500	0.08～9	0.01～0.3
吸尘器	200～800	2～20	0.13～2
微波炉	75～200	4～8	0.25～0.6
电视机	2.5～50	0.04～2	0.01～0.15
洗衣机	0.8～50	0.15～3	0.01～0.15
电冰箱	0.5～1.7	0.01～0.25	<0.01

由表 2-7 可见，随着现代化生活水平的提高，人们在享受着现代化技术高度自动化带来的方便和舒适的同时，却正在被各种各样的强电磁波污染源所包围着。

第3章　正确的室内装修

如何减轻室内空气污染,保持和改善室内空气品质,使其达到人们能够接受的程度? 为解决好这一问题,通常可以从以下几方面着手:

(1) 堵源——提倡简单装修,建筑设计与施工特别是装饰材料的选用中,采用甲醛、VOCs、苯、氡等有害气体释放量少的材料,或采用一些特殊措施来防止材料中有害物成分的散发。这是最重要的一个方面。

(2) 稀释——保证室内有足够的通风换气量,及时地稀释或排出室内的气态污染物,使室内污染物的浓度达到安全容许浓度。

(3) 吸附——采用一些技术手段,将室内空气中的一些有害物成分进行吸收或分解,使室内有害物的浓度达到人体能承受的范围。

下面我们就结合室内装修的全过程分别进行介绍。

3.1　装修前的准备工作

3.1.1　挑选合格的装修公司

一、为什么要挑选正规的装修公司?

在装修时一定要选择正规的装修公司,特别是要注意选择重视室内环境的公司,并且敢于把环保条款写进合同中的装修公司。不愿意将环保条款写进装修合同的装修公司绝对不能挑选。

为什么要挑选正规的装修公司? 这主要是基于以下几个原因:

(1) 有实力的装修公司有品牌保障

具有一定实力与规模的装修公司会着力于长远的规划和打算,会更加关注和维护自己的品牌形象,并积极调动自己的品牌效益。那些不信守承诺,砸自己牌子的行为对于正规公司来讲,是严格禁止的。

(2) 管理制度的保障

首先,有实力的装修公司往往都有庞大的组织机构和众多的部门及分公司,只有通过非常严密、规范、科学的管理制度才可能确保整个公司运行有序,各部门协同奋进,发挥最佳合力;其次,只有严格科学的奖惩制度才能确保设计、施工、售后服务的质量。

(3) 员工素质的保障

大公司员工的个人素质是与公司的实力规模相匹配的。首先,员工进入这样的公司都必须经过公司人力资源部严格选拔;其次,人力资源部会定期对员工进行培训;另外,大公司对员工还有定期的考核,切实帮助员工学习与提高。

(4) 售后服务的保障

大公司都具有完善规范的售后服务保障体系。首先有全面、系统的客户服务档案,便于查找、调查,为客户提供最快捷周到的服务。其次是保修承诺——签订保修合同。大公司承诺的保修年限都是经过科学分析与慎重考虑的。企业必须做到选择优质达标的材料,才可能减轻售后沉重的维修负担。最后是材料的同一配送。大公司为确保工程质量和客户的利益,对装修材料进行严格把关,由公司客户服务部统一从厂家购进材料,这样既可以保证所有材料是国家达标品牌,还能减少中间商的介入,降低成本,最终受益的还是消费者。

二、正规装修公司必须具备的条件

正规装修公司必须具备以下条件:

(1) 有正规的工商执照

一个正规的从事家庭装修的公司,必须有营业执照。营业执照的"主营"和"附营"项目中,必须有"装饰工程"、"家庭装修"这类的经营项目。另外,执照上的年检章是该企业本年度通过了工商局的年检的证明,只有这样,才属于合法经营。

(2)有较为固定的办公场所

选择装修公司,必须登门造访。进入装修公司的办公室,有些细微之处可以显示公司的实力。一般来说,一个公司的办公室位置和面积能反映这个公司的实力。往往是那些租用高档写字楼,或占用单独楼宇的装修公司,最能提供完善的服务。公司的员工多,需要的办公室也会大一些,这从一个侧面也反映了公司的实力。

(3)有正规的资质审核证明

装修公司的资质审核证明必须由建委评定,它分为施工和设计两项。施工等级分一、二、三、四级;设计等级分为甲、乙、丙级。一个专业装修公司最起码应具有四级施工资格和丙级设计资格。

3.1.2 正确签订装修合同

挑选好合格的装修公司后,一定要与装修公司签订好装修合同。

一、为什么要签订装修合同?

装修合同是装修公司与客户双方相互签订的书面依据,是用法律形式来维护装修管理正常运行的手段。家庭装修合同与一般装修合同不同,由于装修之甲方(即客户)极有可能是完全不懂建筑的,而家庭装修工程本身又是完全的个体行为,加之工种涉及面广、材料种类全面、工程量小、工序多,管理上甲方一般不可能聘请监理公司代理等特点,所以甲、乙双方都只有通过合同这种方式来维护各自的合法权益。

二、怎么签订装修合同?

合约一般包括下列内容:签约双方名称,装修费用、付款办法(分期付款或一次性付款)、施工期限(即工作天数,不是完工日期)以及双方的责任义务等。附件包括:分列项目的报价单,有编号的图纸和材料样品。合约连附件,一般一式两份,由双方分别保存。如果装修公司没有给用户一份,用户应主动索取。进驻市场的装修公司,合约要签三份,给市场管理部门一份。

正确签订装修合同一定要注意以下几点:

（1）核实装饰公司的名称、注册地址、营业执照、资质证书等档案资料。防止一些冒名公司和"游击队"假借正规公司名义与客户签订合同，欺骗消费者，损害消费者利益；

（2）明确工程内容和用料：施工的项目要明确，尺寸要准确，用材要有说明（包括材料的型号、等级和品牌），具体的施工工艺和工序，同时附上相应的价格；

（3）明确甲乙双方的材料供应：有些工程是甲乙双方共同供料，所以在供料的品种、规格、数量、供应时间以及供应地点等项目需要形成文字的内容；

（4）施工图纸要齐全：包括平面图、透视图、立面图和施工图，有的还需要电脑效果图，在施工图上要有详尽的尺寸和材料标示；

（5）工程项目增减要明确：如果在施工过程中有项目的调整，一定要签订《工程变更单》，其内容一定要完整，并且经双方签字后生效；

（6）奖惩条款：明确违约方的责任及处置办法；

（7）付款时间要明确：第一次预付款、第二次预付款及尾款的支付时间和条件；

（8）明确保修期和保修范围：一般免费保修期为一年，终身负责维修；

（9）工程完工、验收合格后，双方要签订"工程结算单"、"工程保修单"；

（10）环保条款：明确提出环保要求，要求装修公司严格执行。

家居装修一定要把环保条款写入装修合同中，增加这个条款一方面可以提醒商家，第二个方面在出现问题时可以保护消费者的利益。合同不仅要注明所用乳胶漆、油漆的品牌名称，还要把是否会造成空气污染或者是否会产生有害气体超标等问题作为一个重要内容写入，以此来要求装修公司保证使用高质量、低释放量的装修材料，保护消费者合法权益不受侵害。最重要的一环，将不同阶段应当具备的环境参数（可以参照国家卫生部颁发的室内环境安全卫生规范）写入合同。房子装修完工验收合格后，应要求装饰装修企业出具住宅装饰装修质量保修书。

3.1.3　制定适宜的装修方案

一、装修设计的原则

一个好的装修方案,可以从根本上解决室内污染的问题,减少不必要的麻烦。根据多个工程的经验,在制定一个装修方案时,有以下几个原则可以参考。

(1)房间地面材料不要大面积使用一种材料。天然石材、瓷砖等可能含有放射性的氡气,如超标会对神经、生殖系统造成影响,最好不要大面积使用,尤其在卧室和老人、病人、儿童的起居室内使用时更要谨慎考虑。

(2)装修时应选择对室内环境污染小的施工工艺,一般不要在复合木地板下面再铺装大芯板;实木地板铺装时地上不一定铺木板,也可以只打木龙骨架,这样更有利于地板上下的通风,铺完之后脚感好一些,也可以减少地板的变形。

(3)室内应尽量少用地毯,最好不要用合成地毯。新铺的合成地毯会向空气中释放出100种不同的化学物质,其中有些是可疑致癌物。在以后的使用中,地毯中又会聚集成百万的微生物和灰尘,而传统的吸尘器配备的多是无效过滤器,只会把尘埃粒子微生物又带回室内。如果一定要铺地毯,可以用羊毛或纯棉地毯等天然纤维地毯来代替合成纤维地毯。

(4)居室装修不要降低顶高。居室的顶高与室内空气污染物的积聚带是呈垂直带状分布的。当居室顶高低于2.55m时,室内各高度水平的二氧化碳浓度几乎都超过居室的卫生标准,且垂直分布主要积聚在1.2~1.4m的高度,即人体坐立或站立时呼吸带的位置。实验表明,当顶高在2.67m时,室内污染物情况有所好转。顶高在2.8m以上时,居室空气中的二氧化碳等污染物均不超过卫生标准。

(5)保证充足的阳光。阳光对于人类生活具有重要的作用,阳光中的紫外线有杀死居室空气中致病微生物、抑制细菌繁殖、净化空气、提高人肌体免疫力的作用。阳光还有热能,冬季能提高室温,具有节能效益。因此,居室里阳光充足,对人的健康十分有益。

(6) 儿童房最好不要涂成五颜六色。因为儿童房使用过多的色漆会增加室内苯的含量，而且鲜艳色彩的颜料中还含有汞和铅等重金属，这些有毒物质都会对儿童的身体健康造成危害。

二、选择适宜的装修时间

适宜的装修时间应按以下原则制定：

(1) 装修中的大多数材料如地板、夹板等均含有大量的各种可挥发有机化合物，有条件的话，可以提前一到两个月将这些材料购买，然后将包装打开，架空置于干燥及通风较好处。这样可以让材料中含有的有机挥发物的浓度降至最低。

(2) 随着气温的逐渐升高，地板、夹板、油漆、清漆和胶粘剂等材料中的有机挥发物的释放量也会明显升高。据日本室内环境专家研究证明，室内温度在30℃时，室内有毒有害气体释放量最高。中国室内环境的专家也证实，在夏季进行室内空气污染检测，其指标会比其他季节高20%左右。因此，新住户一定要避免在夏季入住装修好的房屋。不过，如在此时期购买装饰材料进行通风以降低有机挥发物的浓度，可以取得较好的效果。

(3) 装饰中使用的一些涂饰产品像油漆、清漆、胶粘剂都也会释放出大量的各种可挥发有机化合物。所以记住在装修后一定要将房间空置一段时间(该时间依具体实际情况而定，一般为一到两个月，最少为两个星期，原则上是闻不到刺激气味为止)，给材料中的挥发性气体一定的释放期，然后再入住。

通常来讲，装饰材料的通风干燥期大约为一两个月左右，具体装修也需两个月以上，加上装修后的空置时间，则整个阶段需耗时半年以上。因此，您如想在春节之前搬入新房，则至少在夏季就应开始购买材料。

一般来说，夏秋季进行装修比较好，最好不要在冬季供暖期间进行。

三、坚持绿色装修

所谓的绿色装修，就是"以自然、安全、美观、简洁、舒适和低耗为目标，进行有利健康、有利环境、有利生态和适量点缀有益花卉的装修"。

绿色装修包括六个基本环节,即:科学设计、购买环保建材、规范施工、绿色监理、质量监督和栽养适量花卉。其中,购买环保建材是核心,是第一关键,科学设计和规范施工是第二关键,绿色监理(检测)和质量监督是保证,栽养花卉是条件。

事实证明,如果坚持绿色装修,就可以把室内环境的污染降低到最低的程度。

3.1.4 正确进行装修的预算

进行环保装修肯定比普通装修要贵。由于环保材料一般比普通材料的价格高 20%~30% 左右,因此,环保装修的预算可能会比普通装修的预算高 20%~50% 左右。不可能花和普通装修同样的钱达到环保的效果,我们一定要量力而行。

例如,市场上有一些进口环保涂料,不含苯或含苯的量很少。但这类涂料的价格要比一般涂料高出许多,如果经济上能够承受,应尽量选用这类涂料。

由于绝大部分"居室装修污染"是由各种装修材料造成的,因此有效控制污染的最好办法就是在家庭装修中选择绿色、环保的装修材料。为了迎合消费者这方面的需求,很多装修公司推出了一种"环保菜单"。

面对装修公司的这些"环保菜单",由于这仅是某些装修公司的一家之言,因此消费者在洽谈家庭装修、选择装修材料时,应仔细审视、区别对待。这些"环保菜单"一般是装饰公司根据自己的经验、材料在实际工程中的应用,以及厂家所提供的鉴定报告来确定哪些材料比较环保的,不见得 100% 准确。目前的装饰材料市场上,新问世的产品、品牌和款式层出不穷,装修公司凭借着自己实力,对材料市场不可能了解得十分清楚,这也影响到"环保菜单"的准确性和及时更新。另外,少数装饰公司在"菜单"中向消费者推荐的装饰材料,并不是同类产品中最环保的品牌。因为装饰公司购买大宗材料再应用到家装工程中时,存在着一个"批零差价"。

这些公司往往会把获利最高的材料也纳入"环保菜单"推荐给消费者使用,从而获得很多的利润。

因此,如果您决定根据装修公司提供的"环保菜单"来选择装修材料,还要注意一些具体的细节问题:

(1)在洽谈时,您可以要求装修公司出示相关材料的检测报告,来了解材料的实际环保指标;

(2)一般环保性材料的价格,要比一般材料高出 20%～30%左右,如果相差太多,要请装修公司说明原因;

(3)当材料运到施工现场时,您要仔细核对材料是否与合同中约定的相符。

另外,目前市场上还没有绝对无污染的装饰材料,虽然很多材料都称自己是环保材料,但却缺乏明显的界定。例如,据专家介绍,不含甲醛的人造板好像在市场上还没有出现,只是含量的高低或释放量的高低有所不同。

即使全部采用挥发性有害气体释放量很低的装修材料,但如果同一种材料过量使用的话,室内的有害物质同样会超标。但是,即使消费者的经济能力有限,不能完全保证使用释放量低的装修材料进行装修,但只要根据房间的面积和承载量的不同,通过合理的设计及施工,同样可以装修出一个绿色的家。

3.1.5 室内空气质量预评价

室内环境空气质量预评价是指根据室内装修工程设计方案的内容,运用科学的评价方法来分析、预测室内装修工程完成后存在的危害室内环境空气质量的因素和危害程度,以及室内环境空气质量产生的化学性和物理性影响变化情况,并提出科学、合理、可行的技术对策措施和装修材料的有毒有害气体特性参数,作为该工程项目改善设计方案和项目建筑装修材料供应的主要依据,供进行绿色健康监理时参考。

室内环境空气质量预评价是保证建筑装修工程建成后具有良好的室内环境质量的一个重要步骤,是一门由多学科知识组成的实用技术。

目前,人们还普遍没有考虑到工程预评价这一步骤,装修前没有做细致的准备工作,完工后,造成了室内空气严重污染并影响了身体健康,这时才开始"亡羊补牢"——进行室内空气检测、购买空气净化器,既浪费了精力和财力又损害了身体健康。"防患于未然"是每个人的愿望,装修后造成严重的室内空气污染会带来巨大的精神损失和经济损失,人们迫切希望在装修施工开始前能够采取措施以避免使用不适当的设计方案、建筑装修材料和施工工艺,以保证装修工程完成后有一个良好的室内环境质量。因此,做好室内环境空气质量预评价工作是预防室内环境空气污染、保证身体健康的必要手段。

室内环境是一个相对独立的环境系统,系统内部各个污染源释放出各种有毒有害气体。根据"总量控制"的原则,分析每一个污染源的污染特征,计算其有毒有害气体释放量,再将室内所有污染源的有毒有害气体释放量求和,即可控制整个室内环境系统的有毒有害气体总量并使其低于室内环境控制质量标准,以保证身体健康,实现绿色健康装修。

室内环境空气质量预评价技术可广泛应用在各种室内建筑装饰装修工程。不仅能够应用于住宅装修工程,也可应用于公共建筑装修工程,还可应用于家具等室内装饰物品。

室内环境空气质量预评价程序主要包括:工程分析、物料计算、建筑材料有毒有害气体释放量的测定、有毒有害气体的定量计算、对策措施建议、评价结论。如果用户确定了建筑装修材料,则还应进行建筑装修材料的评价与测试。

(1)工程分析

室内环境空气质量预评价的主要依据是室内装修工程设计方案,因此,做好工程分析是保证结果科学、合理的基础。

在工程分析中,根据工程设计方案,分析工程的室内微小气候条件、主要危害因素,确定主要污染物,合理划分评价单元。

(2)物料计算

根据工程设计方案,按照已划分的评价单元,对工程所用的建筑装修材料使用量进行统计计算,其结果是该评价单元中的各种装修材料的使用量。

(3) 装修材料中有害气体的测定

建筑装修材料中有害气体的测定主要是测定单位面积(质量)的建筑装修材料在极端情况和正常情况下自然释放出的各种有害气体的质量。

(4) 有害气体的定量计算

当室内装修工程依据工程设计方案已经确定使用建筑装修材料的种类时,需首先测定所使用的建筑装修材料的有害气体的释放量,再根据工程物料计算结果的建筑装修材料使用量计算出评价单元中有害气体的浓度。

(5) 对策措施建议

根据以上评价结果,针对室内装修工程设计方案存在的不合理性提出建设性意见,改善设计方案,以保证工程建设后具有良好的室内环境空气质量。对策措施建议一般包括以下几个方面内容:室内微小气候条件、建筑装修材料的选择和工程设计方案的完善。

3.2 正确的装修施工

3.2.1 选用合格的建筑装修材料

建筑装修材料是带来室内污染的主要原因。据一项测试报告表明:建筑装修材料带来的污染物多达300多种。另外,又一项调查还显示:68%的人体疾病与室内采用的建筑装修材料的污染密切相关。因此,正确选用合格的建筑装修材料,可以从源头上减少室内污染物的释放量,从而达到减轻室内环境污染的目的,保证我们健康的生活。

一、选用正规的建筑装修材料

由于市场上同一类型的建筑装修材料成千上万,因此从中选取合适的材料具有一定的困难。要想保证在装修中使用的材料符合环保要求,一个总的选用原则:到正规市场购买有质检部门检验报告的正规建筑装修材料,要注意从中选择污染物释放量低的品牌产品,对材料的包装和标签内容要仔细检查,最好选用有绿色环保标志的产品。

尽可能不使用有毒害成分的建筑装修材料进行房屋装修:如含高挥发性有机物的涂料;含高甲醛等过敏性化学物质的胶合板、纤维板、胶粘剂;含放射性高的花岗石、大理石、陶瓷面砖、粉煤灰砖、煤矸石砖;含微细石棉纤维的石棉纤维水泥制品等。

二、绿色环保标志

绿色环保标志:又称"环境标志"、"绿色标志"或"生态标志",它是一种印在商品或包装上的识别图形,具有该标志的产品不仅质量符合标准,而且在生产、使用和处置等过程中也符合环境保护的要求。绿色环保标志能引导消费者通过选择商品的过程,增强环境意识,参与环境保护。实行环境标志是人类认识和解决环境问题的巨大进步。

从1978年德国发布第一个环境标志——"蓝色天使"开始,至今世界上已有20多个国家和地区实行了环境标志。各国间环境标志的图案是不同的。我国1993年10月公布的环境标志图案是由青山、绿水、红日及10个蓝色圆环组成。它的中心结构表示人类赖以生存的环境;外围10环相连紧扣,表示公众参与、共同保护环境,同时十个环的"环"字与环境的"环"为同一个字,寓意"全民联合起来,共同保护赖以生存的环境"。此外,目前能在我国市场上看到的环保标志还有德国的"蓝色天使"和加拿大的"枫叶"标志。

1994年5月17日,中国环境标志产品认证委员会成立,它是由国家技术监督局授权成立的第13个产品认证机构,是代表国家对环境标志产品实施认证的惟一合法机构,从而使我国环境标志产品认证有了组织保证。经过几年的努力,我国环境标志产品的认证体系已初步形成,环境标志产品的认证工作已步入正轨,环境标志的影响力也越来越大,通过认证的产品也越来越多,标志着我国环境标志工作已逐步深入人心,成为人们参与环境保护工作的一个重要部分。表3-1列出了目前已颁布技术要求的43种产品中有关绿色建材产品部分。

环境标志产品技术要求 表3-1

种　类		技　术　要　求	检　验　项　目
水　性　涂　料		(1)产品中VOCs含量应小于250g/L (2)产品中重金属含量应小于500mg/kg(以铅计) (3)产品中甲醛含量应小于50mg/kg	挥发性有机物(VOCs)含量、重金属化合物含量(以铅计)、甲醛含量
低铅陶瓷制品		铅熔出量极限应不超过:扁平制品(3.0mg/L)、小空心制品(2.0mg/L)、大空心制品(1.0mg/L)、杯和大杯(0.50mg/L)、罐(0.50mg/L)	铅熔出量
无石棉建筑制品		产品中不得含有石棉纤维	定量石棉纤维的检出
胶粘剂	复膜胶	产品生产过程中不得添加苯系物、卤代烃等有机溶剂	苯系物、卤代烃
	建筑用胶粘剂	(1)产品生产过程中不得添加甲醇、卤代烃或苯系物 (2)产品中不得添加汞、铅、镉和铬的化合物	重金属、甲醇、卤代烃和苯系物
	羧基丁苯乳胶	挥发性不饱和物(含乙苯)的含量	挥发性不饱和物及乙苯
磷石膏建材产品		产品浸出液中氟粒子的浓度≤5mg/L	放射性、浸出液中氟粒子浓度
人造木质板材		(1)人造板材中甲醛释放量应小于0.20mg/m³ (2)木地板中甲醛释放量应小于0.12mg/m³ (3)木地板所用涂料必须是紫外光固化涂料	(1)甲醛释放量 (2)涂料
建筑用塑料管材		PVC排水管材(件)残留氯乙烯、1,1－二氯乙烷、1,2－二氯乙烷含量	氯乙烯、1,1－二氯乙烷、1,2－二氯乙烷含量

3.2.2 严格遵守施工要求

在完成装修前的准备工作后(包括购买建筑装修材料),就进入了工程施工阶段。在工程施工阶段,一定要严格遵守各项施工规定,才能确保绿色装修的正确进行。对于室内装修,一般有以下规定:

一、一般规定

(1)施工单位应按设计要求和有关规范对所用的建筑材料和装修材料进行现场检验,不得马虎行事。

(2)当建筑材料和装修材料进场检验时发现不符合设计要求和有关规范时,应严禁使用。

(3)施工单位应按设计要求和有关规范进行施工,不得擅自更改设计文件要求。当确实需要更改时,一定得征求原设计单位同意。

(4)室内装修时如多次重复使用同一设计时,宜先做样板间,并对其室内环境污染物浓度进行检测。

(5)样板间室内环境污染物浓度的检测应符合有关的规定。当检测结果不符合有关的规定时,应立即查找原因并采取相应的措施进行处理。

二、材料进场检验

(1)装修工程中所用的无机非金属材料和装修材料必须有放射性指标检测报告,并应符合有关的规定。

(2)当室内装修工程饰面采用天然花岗岩石材的总面积大于200m² 时,应对不同产品分别进行放射性指标的复验。

(3)室内装修工程中采用的人造木板以及饰面人造木板必须有游离甲醛含量或游离甲醛释放量检测报告,并应符合设计要求和有关规范。

(4)当室内装修工程中采用某一种人造木板或饰面人造木板的面积大于 500m² 时,应对不同产品分别进行游离甲醛含量或游离甲醛释放量的复验。

（5）室内装修工程中采用的水性涂料、水性胶粘剂、水性处理剂必须有总挥发性有机化合物和游离甲醛含量的检测报告；溶剂型涂料、溶剂型胶粘剂必须有总挥发性有机化合物、苯和游离甲苯二异氰酸酯（聚氨酯类）含量的检测报告，并应符合有关的规定。

（6）建筑材料和装修材料的检测项目不全或对检测结果有疑问时，必须将材料送有资格的检测机构进行检验，检验合格后方可使用。

三、施工要求

（1）采取防氡设计措施的装修工程，其地下工程的变形缝、施工缝、穿墙管（盒）、埋设件、预留孔洞等特殊部位的施工工艺，应符合现行国家标准《地下工程防水技术规范》中的有关规定。

（2）室内装修中采用的稀释剂和溶剂中严禁使用苯、工业苯、石油苯、重质苯及混苯。

（3）在进行室内装修施工时，不应使用苯、甲苯、二甲苯和汽油进行除油和清除旧油漆作业。

（4）涂料、胶粘剂、水性处理剂、稀释剂和溶剂等使用后，应及时封闭存放，废料应及时清出室内。

（5）严禁在室内用有机溶剂清洗施工工具。

（6）在使用饰面人造木板进行拼接施工时，除芯板为 E1 类（E1 为可直接用于室内的人造板）外，应对其断面以及无饰面部位进行密封处理。

3.2.3　按标准进行验收

室内装修工程完成后，应进行验收，验收合格后才可使用。

一、验收时间

验收时间至少距工程完工 7 天以上，最好是在交付使用前进行验收。

二、需检查的资料

（1）工程地质勘查报告、工程地点土壤中氡浓度检测报告、工程地点土壤中天然放射性核素镭－226、钍－232、钾－40 含量的

检测报告(在一般家庭装修时此项可以取消);

(2)涉及室内环境污染控制的施工图设计文件及工程设计变更文件;

(3)建筑材料和装修材料的污染物含量检测报告、材料进场检验记录、复验报告;

(4)与室内环境污染控制有关的隐蔽工程验收记录、施工记录;

(5)样板间室内环境污染物浓度检测记录(不做样板间的除外)。

三、验收标准

室内装修工程验收时,必须进行室内环境污染物浓度检测。检测结果应符合表3-2。

室内环境污染物浓度限量　　　　表3-2

污染物	Ⅰ类民用建筑工程	Ⅱ类民用建筑工程	污染物	Ⅰ类民用建筑工程	Ⅱ类民用建筑工程
氡(Bq/m^3)	≤200	≤400	氨(mg/m^3)	≤0.2	≤0.5
游离甲醛(mg/m^3)	≤0.08	≤0.12	TVOC(mg/m^3)	≤0.5	≤0.6
苯(mg/m^3)	≤0.09	≤0.09			

注:表中数据摘自《民用建筑工程室内环境污染控制规范》(GB 50325—2001)。

四、检测方法

(1)甲醛的检测方法应根据国家标准《公共场所空气中甲醛测定方法》(GB/T 18204.26—2000)的规定进行。

(2)苯的检测方法应根据国家标准《居住区大气中苯、甲苯和二甲苯卫生检验标准方法——气相色谱法》(GB/T 11737—89)的规定进行。

(3)氨的检测方法应根据国家标准《公共场所空气中氨测定方法》(GB/T 18204.25—2000)或国家标准《空气质量氨的测定离子选择电极法》(GB/T 14669—93)的规定进行。当发生争议时应以国家标准《公共场所空气中氨测定方法——靛酚蓝分光光度法》

(GB/T 18204.25—2000)的测定结果为准。

（4）总挥发性有机物（TVOC）的检测方法应根据国家标准《民用建筑工程室内环境污染控制规范》（GB 50325—2001）的规定进行。

（5）在氡的检测中，所选用的检测方法的测量结果的不确定度不应大于 25%（置信度 95%），探测下限不应大于 10 Bq/m^3。

3.3 装修后的改善措施

3.3.1 加强通风

一、通风的作用

据日本横滨国立大厦环境科学研究中心的一项调查报告显示：装修完工后两周的房子，其室内污染程度相对比室外高出近40 倍，即使在采取了一定的换气措施后，其污染程度仍为室外的10 倍左右。因此，刚装修完毕的居室不宜马上入住。

入住刚装修完的居室会对人身体造成伤害。为了避免这种伤害，刚装修完毕的居室先要通风一段时间，以加快有害气体的释放和扩散，从而降低居室内有害气体的浓度。事实表明，这是一项降低室内有害气体浓度的行之有效的办法。

有试验显示：一间氡浓度在 $151Bq/m^3$ 的房间，在开窗通风 1小时后，室内氡浓度降为 $48Bq/m^3$。同样的，对于氨气、甲醛等，开窗通风也能达到降低它们在室内空气中的浓度的效果。

二、装修后的通风

为了使室内空气中的有害气体尽快消失，有些人常常将所有的门窗都打开进行通风。由于室内刚刚装修完，打开所有的门窗进行通风可能会给刚刚施工完毕的墙顶带来不利，使墙顶急速风干，容易出现裂纹，不美观。因此，装修后的通风也要十分注意。

经过多个具体工程的实践，现总结出一些快速去除室内空气中污染物的方法以供大家参考：

（1）一般地,刚装修完的居室应空置一到两个月,以减轻室内有害气体的危害。

（2）刚装修完的居室空置时,不能将所有的门窗都打开,只能适当的将不直接风干墙顶面的窗户打开以进行通风。

（3）用面盆或者水桶盛满凉水,并在其中放入适量食醋后置于通风房间内,将家具门打开。这样做既可以适量蒸发水分保护墙顶涂料面不出现裂纹,又可以吸收消除室内残留的异味。

（4）如果经济条件允许,可在刚装修完的房间内放上几个菠萝,大的房间可适当多放。由于菠萝是粗纤维类水果,因此它既可以吸收室内的油漆味又可以散发出菠萝的清香味道,从而达到了加快清除室内异味的目的,起到了两全其美的效果。

（5）用柠檬酸浸湿棉球,挂在室内以及做好的木器家具内,可达到快速清除残留油漆味的目的。

（6）室内如有采暖设备,可以将其接通,从而可以提高室内温度,以加速有害物质的挥发。

三、日常通风

在日常生活中,为了将室内散发的污染物排到室外,也要常开门窗,经常进行通风。

由于室外存在着大量的空气污染,因此,我们一定要保证好门窗的密封性能,选择好合适的开窗换气时间,防止室外大气污染进入室内。

一般来说,在平常的日子里,应该保证每天早、中、晚三次换气通风,每次的通风以 20min 左右为宜。

严寒的冬天冷气逼人,不少家庭常常是门窗紧闭,以保持室温,而同时户外活动减少,室内居留时间延长。殊不知这种做法使我们生活在一个严重污染的环境里。冬季长时间紧闭门窗,人呼出的二氧化碳就会越积越多,氧气相对减少,同时,负离子也随之减少,结果会使人感到头昏脑胀,昏昏欲睡,并可能有头痛、发冷、注意力分散、记忆力减退等症状。如果空气中二氧化碳的含量达到 5%,人就会中毒。在这样的环境中,各种细菌病毒却非常活跃,有试验证明,在紧闭门窗空气污浊的室内,每立方米的细菌可以达到数万个,而开窗通风后,只剩下数千个。所以,冬季也要常开窗门通风,每天至少在早晨和中午各一次。

如果条件允许的话,可以选用新风换气机。

3.3.2 安装室内空气净化器

一、室内空气净化器的种类

室内空气净化器是指对室内空气中的颗粒和气态污染物进行净化的一种设施,它一般利用吸附作用和催化转化两种方法来对空气中的污染物进行净化。正常工作状况下,它可以保证我们健康的室内空气品质,尤其在冬季供暖、夏季使用空调期间,其效果更加显著。

目前为维持空气品质而上市的各式空气净化机,大致上可分为静电集尘、负离子和活性炭吸附等几大类,通常采用吸附、固定的方法对污染物进行排除。

从原理上讲,室内空气净化器可以分为以下几种类型:

(1) 过滤吸附型

利用多孔性滤材,如无纺布、滤纸、纤维、泡棉、分子筛、硅胶、活性氧化铝和活性炭等(目前吸附能力最强的滤材为 HEPA 高密度空气滤材),对空气中的悬浮颗粒、有害气体进行吸附,从而净化空气。

该类型室内空气净化器主要用于可吸入颗粒物和气态污染物的净化。

(2) 静电集尘型

通过电晕放电,使空气中的污染物粒子带电,再通过集尘装置捕集带电粒子,从而达到净化空气的目的。

该类型室内空气净化器主要用于可吸入颗粒物的净化。

(3) 复合型

复合型综合了过滤吸附型和静电集尘型的优点,同时利用过滤和静电除尘的方式来净化空气。它一般具有净化效果较好的特性。

该类型室内空气净化器主要用于可吸入颗粒物和气态污染物的净化。

以上三种净化空气方式对室内空气都有一定的净化能力，但在实际使用中，市场上的产品使用效果却各不相同。

二、室内空气净化器的发展

随着科学技术的进步，市场上出售的室内空气净化器也经历了不断更新的过程。从室内空气净化器的出现到现在，室内空气净化器经历了三个发展阶段，出现了三代产品。

市场上最早出现的净化器称作第一代产品，它主要以物理的方法对室内空气进行净化，一般具有过滤和吸附处理杂质等功能，可以有效地净化室内空气中的悬浮物和少部分有害物质。但是，对室内空气中的异臭异味、病原菌、病毒、微生物以及装饰装修造成的空气污染，第一代产品根本无法消除。同时，由于第一代产品采用物理方法来实施净化，因此在过滤和吸附的过程中，空气净化器慢慢地就会饱和直至失去功效。

目前一种称作空气净化器 HEPA（High Efficiency Particulates Air 意即高效率空气微粒过滤材料）的过滤材料可有效清除 0.3mm 以上颗粒物，其捕捉人体可吸入浮游污染物的效率最高可达 99.97%，是世界上公认的较好的空气净化过滤材料。

第一代产品的缺点是要定期清洗过滤网，以免造成二次污染。

随着社会发展，从 20 世纪 80 年代初开始，室内空气净化器的第二代产品进入市场，并广泛用于家庭、宾馆、商店、学校、机关以及医院的病房。第二代产品是在第一代产品的物理性能的基础上，增加了静电除尘、负离子发生器、臭氧发生器等功能。这种多功能净化器不仅可以消烟除尘，而且具有消毒、杀菌、除臭、去异味和去颜料色素以及消除一氧化碳等有害气体的功能。但是，第二代净化器仍然存在着不能分解有机污染物的弊病。另外，由于臭氧发生器不能和人同处一室，因此使用起来不是非常方便。

近年来,空气污染治理专家在多年科学研究的基础上,以先进的纳米技术为基础,成功地研制出了高效率催化技术和光催化技术对室内空气进行净化。这就是室内空气净化器的第三代产品。

催化技术也被称为冷触媒技术,它以多元多相催化为主,结合超微过滤,从而保证在常温常压下使多种有害有味气体分解成无害无味物质,由单纯的物理吸附转变为化学吸附,边吸附边分解,从而增加了可吸附污染颗粒物的种类,提高了吸附效率和饱和容量,而不产生二次污染,因此大大延长了吸附材料的使用寿命。催化材料的寿命是普通材料的 20 倍以上,可以对室内空气中的氨、硫化氢、醛类等多种物质进行催化分解。

光催化是一种高科技的产物,具有分解有机污染物的功能,是理想的全方位的空气净化技术。

目前,市场上出售的室内空气净化器大部分还是第一代产品。第二代产品在市场上也有销售,只是功能上更趋向于净化空气悬浮物。第三代产品已成功生产,它在清除室内有害气体的功能上有所改进,但对室内深度污染的净化效果还不显著。

在我国,已有众多厂家生产净化器产品,但大多数厂家仍然是生产机械过滤、活性炭吸附的第一代产品以及具有臭氧和空气负离子发生器的第二代产品。国际上生产净化器的厂家主要有霍尼威尔、东芝、日立、夏普、飞利浦等厂家,生产的仍大都属于以物理性能为主的第一代的产品。

三、影响空气净化器效果的因素

影响空气净化效果的主要因素有两点:

(1)滤材——超强的净化效果来自于优质的滤材。通常使用的滤材存在着种种缺陷,如无纺布、滤纸等既要保证很好的通透性,又要有效过滤空气中的有害物质,二者很难兼顾;活性炭虽然有很强的吸附能力,但很容易饱和,随着污染物的沉积,活性炭的净化效果明显下降。

(2)风机——高效的净化效率来自于强劲的进出风量。无论是哪一种净化方式,都需要空气经过净化装置,这就要求净化器拥有良好的空气循环,而风机是循环系统的能量来源,由于要降低噪声,因此,市场上的多数空气净化器采用功率较低的风机,从而影响了空气净化器的净化效率。

四、室内空气净化器的选择

选择好一个合适的室内空气净化器,可以很好地解决室内污染的问题。要做到这一点,首先必须要了解室内空气的污染状况。另外,对各种室内空气净化器的性能也应该有很深的了解。最后,可以根据以下原则进行选用。

(1) 针对性强:如果室内主要是氨污染,那么可以采用针对氨的空气净化器,如果室内刚装修完,空气中的污染物较多,则要挑选综合性较强的空气净化器。

(2) 不同的空气净化器适宜于不同的污染物。例如,HEPA对烟尘、悬浮颗粒、细菌、病毒有很强的净化功能;催化活性炭对异味、有害气体净化效果较佳;稀释空气净化剂可直接用于室内外,可净化 NH_3、VOCs、甲醛、二甲苯、苯、SO_2 等各种有害气体及臭气。

(3) 对不同地方(如居室、厨房、卫生间等)的不同污染物应选用不同的空气净化装置,如空气净化器、排油烟机、臭氧消毒器等。

(4) 房间较大,应选择单位净化风量大的空气净化器,例如 $15m^2$ 的房间应选择单位净化风量在 $120m^3/h$ 的空气净化器。

(5) 空气净化器本身应无二次污染(如噪声要低,不能产生其他有害物质等)。一些型号的静电型净化器会释放出较大量的臭氧,应谨慎采用。

(6) 空气净化器失效时应有指示装置,如采用经化学物处理过的活性炭来吸附氨,一定时间后活性炭就会失效,因此必须用颜色对其进行指示,用户可以根据材料的颜色对其效果进行判断,失效时必须马上更换。

(7) 由于净化过滤材料失效后需到厂家更换,因此应选择售后服务较完善的产品。

(8) 使用必须简便、经济和美观等。

3.3.3 室内种植花草

一、室内种植花草的作用

植物的色彩丰富艳丽,形态优美,作为室内装饰性陈设,与许多价格昂贵的艺术品相比更富有生机与活力、动感与魅力。含苞欲放的蓓蕾、青翠欲滴的枝叶,给居室融入了大自然的勃勃生机,使本来缺乏变换的居室空间变得更加活泼,充满了清新与柔美的气息。室内绿化不仅能使人赏心悦目,消除疲劳,还能够愉悦情感,影响和改变人们的心态,在优美的绿化氛围中,人们很容易保持平和愉快的心境,减少焦躁与忧虑。

除此之外,有的植物还具有一种奇异的功能,即它们可以改善室内环境与气候。植物通过光合作用吸收二氧化碳,释放出新鲜的氧气,调节室内温度与湿度;叶片上的纤毛能截留空气中的尘埃与杂质,从而净化环境;通过植物枝叶的漫反射,可以降低室内噪声;不少植物还能散发出各种芳香气味,有的能驱除蚊虫,有的能杀菌抑毒,有的对人的神经系统有镇静作用;一些植物还具有特殊的本事,能够吸收一些有害物质,因此降低了室内空气中污染物的浓度。正因为如此,我们可以采用一些植物来改善居室的室内环境。

二、可以吸收有害物质的植物

一些植物具有特殊的功能,可以吸收空气中的一些有害物质,因此具有能够改善室内污染程度的能力。这些植物有以下几类:

(1) 可吸收甲醛的植物:吊兰、芦荟、扶郎花和虎尾兰等。

(2) 可吸收苯和二甲苯的植物:常春藤、月季、蔷薇、芦荟、万年青、铁树和菊花等。

(3) 可吸收三氯乙烯的植物:常春藤、月季、蔷薇、芦荟、龙血树、万年青和雏菊等。

(4) 可吸收铀等放射性核素的植物:紫菀属、黄耆和鸡冠花等。

(5) 可吸收硫化氢、氟化氢和乙醚的植物:常春藤、月季、蔷薇、芦荟和万年青等。

（6）可吸收二氧化硫、氯气和氟化氢的植物：紫藤。

（7）可清除重金属微粒的植物：天门冬和紫藤。

（8）可杀灭细菌和微生物的植物：柑橘、迷迭香和吊兰等。

另外，虎尾兰、龟背竹和一叶兰等可吸收室内80%以上的有害气体；吊兰还可以有效地吸收二氧化碳；仙人掌科的一些多肉类花卉夜间很少排出二氧化碳；绿萝等一些叶大和喜水植物可使室内空气湿度保持极佳状态。

在以上植物中，吸收空气中有毒化学物质能力最强的是吊兰。它能将室内环境中的一氧化碳、过氧化氮和其他挥发性气体吸收后输送到根部，经土壤里的微生物分解成无害物质后，作为养料吸收。

不过，由于植物吸收有害气体的作用十分微小，因此本方法只适用低度污染的房间，对中度污染以上的房间的净化效果不太好。

三、居室中不宜放置的花卉

由于一些花会释放一些对人体有害的物质，因此，它们不适宜放在居室中。这些花有：

（1）兰花。它的香气会令人过度兴奋，而引起失眠。

（2）紫荆花。它所散发出来的花粉如与人接触过久，会诱发哮喘症或使咳嗽症状加重。

（3）含羞草。它体内的含羞草碱是一种毒性很强的有机物，人体过多接触后使毛发脱落。

（4）月季花。它所散发的浓郁香味，会使一些人产生郁闷不适、憋气与呼吸困难。

（5）百合花。它的香味如闻之过久，也会使人的中枢神经过度兴奋而引起失眠。

（6）夜来香。它在晚上会散发出大量刺激嗅觉的微粒，闻之过久，会使高血压和心脏病患者感到头晕目眩、郁闷不适，甚至病情加重。

（7）夹竹桃。它可以分泌出一种乳白色液体,接触时间一长,会使人中毒,引起昏昏欲睡、智力下降等症状。

（8）松柏。松柏类花木的芳香气味对人体的肠胃有刺激作用,不仅影响食欲,而且会使孕妇感到心烦意乱,恶心呕吐,头晕目眩。

（9）洋绣球花。它所散发的微粒,如与人接触,会使人的皮肤过敏而引发瘙痒症。

（10）郁金香。它的花朵含有一种毒碱,接触过久,会加快毛发脱落。

（11）黄杜鹃花。它的花朵含有一种毒素,一旦误食,轻者会引起中毒,重者会引起休克,严重危害身体健康。

3.3.4 其他措施

一、绿色施工

在装修过程中,有条件的话,尽量走专业化、工厂化的道路,减少现场作业。这样可以大幅减少装修带来的室内污染。

二、增加有害气体的吸附

一些公司开发的新产品如甲醛吸附器和苯吸收器等都有较强的吸附能力,能有效地降低室内空气中的污染物浓度。另外,在刚装修完的居室内随处放置一些干橘子皮或活性炭可以起到吸附的作用。

三、安装新风换气机

严格意义上来讲,新风换气机其实也是一种空气净化器。与一般意义上的空气净化器相比,它是把室外的空气经过净化后送入室内,并把室内污染的空气排出。在装有空调的房间内最应安装新风换气机。

四、使用新型装修材料

有些新型装修材料具有净化空气、抗菌防霉等效果,如纳米涂料可用于气态污染物的净化。有些新型装修材料还具有对人类健康有益的功能,像掺有红外陶瓷粉的内墙涂料对人体有保健作用。

五、谨慎使用空气清新剂

有些人喜欢在室内使用空气清新剂。空气清新剂其实并不能有效的去除空气污染物，只能起到掩盖作用。某种程度上来讲，空气清新剂的一些成分本身就是空气污染物，所以一定要谨慎使用。空气清新剂只适宜在卫生间等需要除臭的地方使用。

六、正确使用家庭化学剂

用化学剂时应打开窗户，用后不可马上关闭，至少应开窗换气半小时。

第4章 建筑和装修材料的选用

建筑材料是建筑工程中所使用的各种材料及其制品的总称。它是一切建筑工程的物质基础。建筑材料的种类繁多,有金属材料如钢铁、铝材、铜材等;非金属材料如砂石、砖瓦、陶瓷制品、石灰、水泥、混凝土制品、玻璃、矿物棉等;植物材料如木材、竹材等;合成高分子材料,如塑料、涂料、胶粘剂等。另外还有许多复合材料。

装修材料是指用于建筑物表面(墙面、柱面、地面及顶棚等)起装饰效果的材料,也称饰面材料、装饰材料。一般它是在建筑主体工程(结构工程和管线安装等)完成后,在最后进行装修阶段所使用的材料。用于装修的材料很多,例如地板砖、地板革、地毯、壁纸、挂毯等。

建筑和装修材料是带来室内污染的主要原因。据一项测试报告表明:建筑和装修材料带来的污染物多达300多种。另外,又一项调查还显示:68%的人体疾病与室内采用的建筑装修材料的污染密切相关。因此,正确选用合格的建筑装修材料,可以从源头上减少室内污染物的释放量,从而达到减轻室内环境污染的目的,保证我们的健康生活。

4.1 各种材料的选用

4.1.1 涂料

涂料是指涂敷于物体表面能形成具有保护、装饰或特殊性能(如防腐等)的固态涂膜的液体材料的总称,它包括墙体涂料和木器涂料两大类。

根据使用的稀释剂的不同,现在市场上的涂料又可分为两类,一类是水性涂料,通常用水作稀释剂,大致可分为水乳型、水溶型和复合型等三大类,其特点为无毒无味、安全无害、低污染、低耗能、技术先进和工艺清洁。另一类是溶剂型涂料,也就是我们通常所说的油漆,它完全以有机物为溶剂。一般来讲,溶剂型涂料对室内环境的危害比水溶性涂料的危害大得多。

溶剂型涂料必须用有机物做溶剂。这样,溶剂型涂料被涂刷后,在干燥的过程中,溶剂里的有机物就会挥发出来,从而对室内环境造成污染,直接危害到人的身体健康。

与溶剂型涂料相比,水溶性涂料比较先进,它可以用水来做溶剂,只是在其中添加了少量的有机物作为助剂,这就从原材料上大大降低了有害人体健康的有机物的含量,所以水溶性涂料可以说是一种环保型的产品。

下面我们对墙体涂料和木器涂料的选用分别进行介绍。

一、墙体涂料

目前,我国市场上的墙体涂料都已经基本上是水溶性涂料,而且其中的知名品牌也大都通过了绿色环保认证,因此,正规墙体涂料给室内环境带来的污染一般都不大,我们在选择时可以稍稍宽心。

但是,如果我们仅仅只是选定了做主料的面漆,而忽略了用来封闭墙体的底漆,这会导致更大的问题。一般来讲,墙体的装修,首先需要先涂上一层底漆来封闭墙体,以防止墙体里面的酸性或碱性产生一种吸附力,把涂在外面的面漆里的胶质吸附进去,如果出现这样的情况,外面的面漆表面就会析出一层白粉。由于这层底漆被封在面漆里面,用户看不到,所以有些装修公司为了多获得利润,在这个环节就经常使用一种含苯量非常高的劣质油漆作为底漆。一般的,正宗的底漆产品一桶起码要 280 元钱,而劣质底漆只需要 80 元钱,超标的甲醛和苯正是来自这里,更糟糕的是,劣质油漆被面漆封在了里面,污染物在很长的时间内都无法散尽。如果出现了这种情况,惟一的处理方法就是把墙漆全部刮掉重来,但这时房子里的地板和家具都已经装修完毕,可以想象工程会有多么麻烦。因此,我们在选用底漆时,最好是选用环保型的水溶性涂料。另外,我们还可以选用一些兼有封闭墙体功能的面漆和一些专门用来封闭墙体的材料,如108胶、界面剂等。坚决不能使用那些没有标牌没有厂家的低劣产品。

二、木器涂料

实质上,室内装修中的涂料污染主要还不是来源于墙体涂料。

与墙体涂料相比,目前市场上的木器涂料的环保质量不容乐观,基本上都是属于非环保的溶剂型产品。到2001年底为止,尚无一种木器涂料通过了绿色环保认证。

木器家具素有“货卖一张皮”的说法,它的附加值就体现在涂料的质量上,好的木器家具起码要涂几十遍涂料,而在木器涂料里面添加一点有机溶剂确实能提高涂料的品质。

对于木制品的表面,传统的还是用油性的也就是溶剂型的涂料作为它的涂刷。特别是现在家庭里面装修都是用硝基漆,它的最大特点就是干燥的速度特别快,一天能涂刷十遍。硝基漆里面溶剂的含量特别大,大概有45%以上是溶剂,最后这些溶剂都要挥发到空间。

木器涂料溶剂的主要成分是苯系物,它包括毒性相当大的纯苯和甲苯,还包括毒性稍弱的二甲苯。加入了苯系物溶剂的涂料会散发出一种芳香气味的气体,这就是苯。苯的可怕之处在于会在让你失去警觉的同时悄悄地中毒,所以苯又被称作“芳香杀手”。

国际卫生组织已经把苯化合物定为强烈致癌物质。人在短时间内吸入高浓度的甲苯、二甲苯时会出现中枢神经系统麻醉的症状,轻者头晕、头痛、恶心、胸闷、乏力、意识模糊,严重的会出现昏迷以致呼吸、循环衰竭而死亡。经常接触苯,皮肤可因脱脂而变干燥、脱屑,有的出现过敏性湿疹,人体的循环系统和造血机能也会受到破坏,导致白血病的产生。此外,妇女对苯的吸入反应格外敏感,妊娠期妇女长期吸入苯或苯化合物会导致胎儿发育畸形和流产。由此可以知道,苯是室内装修所导致的污染中的头号杀手。

除少数进口的水性木器涂料外,目前国内生产的水性木器涂料不仅品种少,而且涂料的品质也难以与溶剂型的涂料相比,也就是说,在木器涂料的选择上,目前阶段环保与品质二者还不能够兼得。如果消费者更注重木器涂料的品质而选择溶剂型涂料时,一定要选择正规厂家生产的知名品牌,特别要注意购买与涂料相配套的稀释剂,并在涂刷后充分通风,直到涂料味彻底散尽为止。

据最新消息,2004年,欧共体国家将全面禁止生产、销售溶剂性涂料,全面使用水性涂料。届时,中国的涂料业必将迎来一个新的挑战。

三、关于涂料的一些认识误区

一些消费者认为:涂料的毒性能在一段短时间内全部挥发,只要过了这几周就不会对人体的健康产生危害。这种看法是不科学的。在常温下,涂料中有毒物质的挥发和散逸是一个漫长的过程,而长期低剂量的接触有毒物质会产生严重的非急性(由于是非急性,往往不被人察觉)危害,这已被大量的毒理学研究结果证实。

有些消费者认为:环保涂料是无害的,对人的身体健康没有影响。这种观点也是错误的。涂料的毒性控制是指同类产品中的相互比较而言,是一个随着技术进步而动态发展的过程。因此它不能和蒸馏水的无毒相提并论,好的涂料产品,科学地表达应是低毒,而不是无毒。任何涂料都是有毒的。

还有些消费者认为:涂料如果能被人喝进肚内无事,就能证明该涂料无毒。有些厂商正是采用这种办法,以证明自己生产的涂料没有毒。但据专家介绍,涂料对人的毒害主要是通过有毒的有机物的挥发而导致的吸入中毒,它是通过呼吸道产生毒副作用,而不是通过消化道,况且这种吸入中毒,是在长期吸入的情况下慢慢中毒,所以喝一次涂料,并不能证明什么。事实上,衡量涂料是否有毒,是有一个严格的量化测定指标,而且,涂料的毒性只能通过生物检测才能表达,理、化检验是不能完整表达毒性的。

4.1.2 石材

一、石材中的放射性

石材是一种天然的物质,它在形成的时候一些放射性的核素就是它的一种组成部分。自然界中任何天然的岩石、沙子、土壤以及各种矿石,无不含有天然放射性核素,常见的主要有铀、镭、钍、钾 40 等。一般说来,室内的放射性污染主要是来自这些长寿命的放射性核素,而这些放射性核素含量的多少,就决定了石材的放射性水平。

长寿命的放射性核素不停地向外界释放出伽马射线和氡。人类每年所受到的天然放射性的照射剂量大约为 2.5~3 毫西弗特,其中氡的内照射危害贡献占了一半。氡对人的危害主要是氡衰变过程中产生的半衰期比较短的、具有 α、β 放射性的子体产物。这些子体粒子吸附在空气中飘尘上形成气溶胶,被人体吸收后,沉积于体内,它们放射出的 α、β 粒子对人体,尤其是上呼吸道、肺部产生很强的内照射。因此,石材里边的放射性元素很高,则消费者接受的附加的照射也越大,消费者患癌症的危险度上也会增加。

天然石材中的放射性危害主要有两个方面,即体内辐射与体外辐射。体内辐射主要来自于放射性辐射在空气中的衰变,而形成的一种放射性物质氡及其子体进入人的呼吸系统造成辐射损伤,诱发肺癌。另外,氡还对人体脂肪有很高的亲和力,从而影响人的神经系统,使人精神不振,昏昏欲睡。体外辐射主要是指天然石材中的辐射体直接照射人体后产生一种生物效果,会对人体内的造血器官、神经系统、生殖系统和消化系统造成损伤。

放射性合格的石材不会对人体造成危害。对人体能够有可能产生危害的是超标或者严重超标的石材,即放射性达到 B 类或者 C 类的那部分石材。大多数石材的放射性水平由于符合标准中的 A 类要求,故不会对人体造成任何伤害的。

事实上,我们是时时刻刻生活在放射性照射之下。自然界中,放射性不只是天然石材特有的特性。在宇宙之间我们生活的这个地球环境中,放射性照射无处不在,具体来讲,每个物品,例如茶杯、桌子、空气、墙、甚至包括我们人身体本身,全部都具有放射性,因此,放射性并不可怕。只要我们遭受的放射性的照射没有超过A类标准,则人类的健康应该是可以保证的。

二、石材的选用

大理石主要是一种沉积岩,这种沉积岩的放射性是很低的,而花岗岩是一种火成岩(就是由火山喷发的岩浆形成的),所以它的放射性比起大理石会略高一些。因此,我们在选购花岗岩时应多加注意。

1998 年第四季度,国家质量技术监督局、国家建材局建材产品及建材用工业废渣放射性监督检测中心曾对石材产品的放射性进行了国家监督抽查,共抽查了北京、湖北、福建、广东、辽宁、四川、河北、山东、广西、新疆、内蒙古等 11 个省、市、自治区的 61 家企业的 108 种产品,合格 79 种,抽样合格率达 73.1％,这次抽查覆盖了全国石材加工生产的主要地区,包括采用印度、南非、意大利等国引进荒料进行加工的石材产品。其抽查结果基本反映了目前我国石材产品的放射性水平。这次抽查的超标石材制品全部是花岗石。以福建、广东、广西等南方地区的花岗石产品超标的较多,占超标产品总数的 68％。北方地区超标量相对较少,如这次抽查的产品中,用北京地区的荒料加工生产的产品均没有超标,但东北(主要是辽宁)的花岗石产品超标幅度大,如辽宁一些企业生产的杜鹃绿、杜鹃红是这次抽查中超标幅度最大的,分别为标准限值的 5 倍和 3 倍多。从产品颜色上来看,抽查中发现红色、深红色产品的超标较多,如杜鹃红、印度红、枫叶红、三宝红、台山红、玫瑰红、岭溪红、南非红等。这次抽查中,从国外进口荒料加工生产的南非红、印度红石材产品均超标。这次抽查的大理石产品,放射性指标全部合格。

由于我国对石材放射性的要求相对国外要严格得多,所以从放射性这个角度来说,国产石材优于进口石材。因此,我们不必盲目的花大价钱去购买那些洋材料。如果一定要选用进口石材,则必须倍加警惕。

每种石材都应该有产品放射性检测报告。我们在选购石材时,一定要向经销商索要产品放射性检测报告,并且注意报告一定要为原件,报告中商品名称和我们所购的品名一定要相符。另外,查看时还要注意检测的结果类别,不要错误地把 B 类和 C 类石材作 A 类石材买回来。

4.1.3 建筑陶瓷

一、建筑陶瓷中的放射性

建筑陶瓷(瓷砖、陶砖、洗面盆和抽水马桶)主要是由黏土、砂石、矿渣或工业废渣和一些天然助料等材料压制成型后,再涂上釉彩经过高温(1100~1300℃)烧结而成。

土壤是从岩石风化过来的。在一般情况下,由于岩石的放射性含量会比较高,因此黏土的放射性含量高的可能性也比较大,特别是建筑陶瓷表面的"釉料"中含有的锆铟砂,它的放射性含量就非常高。对于陶瓷产品,由于机械加工和高温加工都对放射性元素没有影响,因此其中的放射性既不会增加也不会减少。这就是说,如果用一些放射性含量高的黏土制成的陶瓷产品,放射性元素肯定也会超标。

另外,黏土还有另外的一种特性:它的吸附性比较强。这就是说黏土有可能更容易吸附到那些含铀之类的放射性元素。从这个角度来说,黏土的放射性有时可能比天然石材的放射性更高,即陶瓷产品的放射性有时可能比天然石材的放射性更高。

二、我国建筑陶瓷的质量状况

前不久,为了了解目前国内的陶瓷产品放射性元素含量的整体水平,国家建材放射性监督检测中心与中国建筑卫生陶瓷协会对全国 72 家卫生陶瓷生产企业的 112 个样品放射性指标进行了抽检,抽检结果是目前市场上只有四分之三的产品达到了合格的 A 类标准。天津市近期对上百名用户送检石材、瓷砖和 63 个家庭内装饰面的检测结果也显示:按照国家目前的建筑材料放射性标

— 106 —

准,瓷砖符合室内饰面的约占总检数的 90%。某建筑陶瓷生产大省的分析测试中心 2000 年 7 月在对当地近百个建材产品放射物检测中发现,抛光砖、釉面砖等建材陶瓷新产品中的放射物超标,不合格率超过了三分之一。去年四川省的检测部门对某省的 34 家大建材生产厂测定中,结果发现放射性超标的厂家达 17 家!

因此,为了逃避石材对人体的放射性污染,而在房间内大面积的铺设瓷砖的装修方案,也是非常不可取的。

三、建筑陶瓷的选用

总体而论,陶瓷产品的放射性大都是不超标的,超标的只是其中的一小部分。据室内环境检测的科技人员介绍,在实际的检测中,只有个别情况超标。因此,只要是购买有资质检测单位认证的产品,就不必过于恐慌,但应加以重视。

凭经验,灰、白色瓷砖的放射性一般比深色的和红色的要低。

同样的,在购买建筑陶瓷之前,也一定要商家出示正规的放射性检测报告等。或请国家有关部门颁发证书的机构进行检测。如国家技术监督局颁发的"CMA 国家级放射性分析检测资格证书"和国家环保局列入"室内环境检测机构资质试点工作"的机构。

为了使釉面砖表面光洁,易于清洗,避免侵蚀,釉砖生产厂采用了在釉面砖材料中加入放射性比活度较高的锆铟砂作为乳浊剂的生产工艺。我国建筑陶瓷行业使用的大多都是国产锆铟砂,其 γ 放射性比活度超过了我国现行国家标准《放射卫生防护基本标准》对"放射性物质"的定义值,也超过了国际原子能机构 1992 年发布的新标准《国际电离辐射防护和辐射源安全的基本安全标准》对天然放射性的豁免值。

为了证明釉面砖材料中的放射性,从 1996 年开始,四川省放射卫生防护所、四川省绵阳市卫生防疫站等单位特组织了一批放射防护专家,对有关厂家生产的釉面砖的 γ 外照射水平、表面氡析出率及装饰居室的室内氡浓度等进行了测量。近 5 年的研究结果表明,彩釉砖成品表面的氡析出率较普通建材高;装饰彩釉砖的居室内的氡浓度普遍较未装饰釉面砖的室内氡浓度高。

4.1.4 人造板

人造板是这样一类装修材料,它以植物纤维为原料,经机械加工分离成各种形状的单元材料,再经组合并加入胶粘剂压制而成的板材,包括胶合板、纤维板、刨花板等。

在室内装修工程中,由于人造板及其制品具有价格低廉、使用方便、美观结实等优点,因此被大量地使用。

一、人造板中的污染物

在居室装修中,一般都会使用大量的大芯板、多层胶合板、中密度纤维板和高密度纤维板等人造板。这些人造板正是室内空气污染的元凶。

室内空气中的甲醛主要来源于这些人造板材。目前,国内生产的板材大多采用廉价的脲醛树脂胶粘剂,这类胶粘剂的粘结强度较低,但加入过量的甲醛可以提高粘结强度。由于胶合板、大芯板等人造木板的国家标准以前没有甲醛的释放量限制,因此许多的人造板生产厂就是采用多加甲醛这种低成本的方法使粘结强度达标。

在随后的时间里,人造板材中残留的和未参与反应的甲醛会逐渐向周围环境释放,这就是室内空气中甲醛主体的形成。由于人造板中甲醛的释放时间长、释放量大,因此它对室内环境中甲醛的超标起着决定性的作用。

正常条件下,一些人造板材在室内环境中释放甲醛的过程可持续数年。当室内空气中甲醛含量为 $0.1mg/m^3$,人就会觉得有异味和不适感。当达到 $0.6mg/m^3$ 时,可能出现上呼吸道及结膜刺激等症状,具体表现为眼睛不停的流泪、咽喉感到疼痛等。当浓度再增高时,人就会感到恶心、胸闷等。(注:我国规定的居室内空气甲醛最高浓度为 $0.08mg/m^3$。)

二、我国人造板的现状

1999 年初,中国消费者协会提请国家人造板质量监督检验中心对北京市场销售的 21 种牌号的装饰板进行了比较试验。由于当时我国还没有对装饰单板贴面胶合板甲醛释放量的数量进行规定,因此采用的是日本的 JASNO.516—1992 标准,该标准对甲醛释放量指标明确分为 3 级,最高级为≤10mg 甲醛/100g 板。在对 21 种样品的试验中,共有 15 种样品的甲醛释放量超过指标,占总数的 71.4%。这说明我国的人造板中甲醛的含量普遍偏高。使用这样的产品必然会给居室环境造成污染,直接危害消费者的健康。

三、人造板的购买原则

鉴于以上情况,我们在购买人造板时更要注意质量,应尽量选择名牌。具体挑选时,可采用多闻、多看的办法。多闻是指要多闻板材的气味,如板材的刺激味太强烈则不要购买。多看是指要多看厂家的产品检验证书,没有证书的坚决不要采购。

4.1.5 木地板

一、木地板的种类

市场上的木地板主要分为实木地板、实木复合地板、强化木地板和竹地板四大类。但不管是哪一种,都深受消费者的喜爱。

实木复合地板是由几层木头拼在一起做成的;强化木地板相对比较薄、比较轻,大部分强化板中间的基材都是由高密度纤维板制成的。

据权威部门统计,我国光去年就消耗木地板有一亿多平方米。现在的人们,在衣食住行上都追求回归自然,因此天然、环保也就成了众多消费者喜欢铺装木地板的主要原因。与其他居室装修材料不同的是,木地板每天都会与人体接触,因此,它的环保内含就成为很多人关注的重要内容。

二、木地板中的污染物

甲醛是一种无色易溶解的刺激性气体,它可经呼吸道吸入体内,刺激眼结膜,呼吸道黏膜而产生流泪,引发结膜炎,咽喉炎,哮喘等疾病。

在四大类木地板中,除实木地板之外,其他三大类木地板均含有一定的甲醛。在实木复合地板、强化木地板和竹地板的生产过程中,大量使用的胶粘剂中含有甲醛,而在各大类木地板的铺装过程中,使用的胶水也含有甲醛。不过,在不同厂家生产的地板中,甲醛的含量都不同。

木地板中还有一种有害气体——苯。由于实木地板、实木复合地板、竹材地板的生产过程中,需要在地板表面涂上油漆,如果选用的漆不合适,就容易在地板上残留苯气体。因此,在挑有漆面的木地板时,一定要注意有没有苯的残留。

木地板表面的漆有 2 种:一种叫 UV 漆(紫外线固化),一种叫 PU(聚氨酯)漆。用 PU 漆生产地板的过程中,会产生一定量的苯附着在木地板的表面,而 UV 漆就不存在这个问题。

虽然使用 PU 漆的木地板表面残留着苯,但其含量是极其微少的,因此,只要安装得当,进行适当通风,同样也不会对人体健康产生影响。

三、强化复合地板的预评价测试

选用强化复合地板时,如果有条件,可以进行预评价测试。

强化复合地板预评价测试是依据国家《居室内空气中甲醛的卫生标准》和《车间空气中甲醛的测定方法》进行的,它根据测试结果分别计算出每 $100m^3$ 空间中某种强化复合地板最高允许使用面积或使用量。

该方法可以形象、直观地说明复合木地板含有的甲醛以气态形式向周围环境释放的甲醛气体量,有利于消费者在购买时进行价格、安全健康性能比较,并为进行居室装修工程室内环境质量预评价工作提供数据,使消费者可以"量需为用"。

经测试,16 种强化复合木地板在常温 25℃时的甲醛气体释放量均在 $0.056mg/m^2$ 至 $0.226mg/m^2$ 之间。因此,这 16 种强化复合木地板产品在 $100m^3$ 的居室体积中最高允许值是 $35.4\sim142.9m^2$ 不等。消费者可以根据居室特点选择不同品牌的复合木地板,只要按照少于预评价结果中提供的地板面积使用数量,就能够保证室内环境空气中甲醛浓度低于国家标准。

四、木地板选用

(1)消费者购买木地板要到比较正规的大型建材超市或专卖店去购买品牌地板,这样从质量上和环保要求上都能够得到保障。

（2）购买木地板时,一定要求厂家出示权威部门的检测报告,检测报告中一般有这类地板的各项环保指标和质量指标。正规的检测报告采用骑缝章的盖章方式,即三页纸的接缝拼在一起才能合成所盖的章。

（3）室内空气中的甲醛不光是强化木地板中有,用在室内的其他装修材料中也含有甲醛。消费者在进行装修时要充分考虑到以上因素,科学计算各种人造板材总体使用量,使自己的家在装修后的空气质量符合国家标准。

（4）室内空气中甲醛浓度的高低与温度、湿度、板材用量、室内空气流通量等因素密切相关,需要进行家庭装修的消费者应在施工前进行室内环境质量预评价以保证安全健康的家居环境。

（5）在挑有漆面的木地板时,应注意观察木地板的表面漆。一般来说,使用 PU 漆的木地板的表面会显得稍暗,漆层也会稍薄,而使用 UV 漆的木地板表面显得稍亮,漆层显得饱满。尽量挑选用使用 UV 漆的木地板。

（6）用于安装地板的胶水中也含有甲醛。应尽量使用专用胶水,因为专用胶水中的甲醛含量会低一些。

4.1.6 家具

随着人们生活水平的提高,对家具的要求也越来越高,各种各样新式的家具层出不穷。在这些新式家具中,大都使用了大量的新材料,而这些新材料可能给室内环境带来极大的污染。例如,刨花板和中密度纤维板被大量用于制作家具,而甲醛却是制造它们的一种主要原料,在以后的使用过程中,这些板材会散发出大量的甲醛。因此,木家具也是室内环境的一个重要污染源。

一、我国家具质量的现状

目前,我国的家具市场状况不容乐观,由家具对室内环境造成的影响越来越严重。

2001 年,国家质量监督检验检疫总局根据目前消费者反映较大的家具质量问题,特别是木制家具的污染室内环境问题,对北京、上海、广东三地的 30 家商业企业经销的,由北京、上海、广东、浙江、江苏、福建、河北 7 个省市 87 家企业生产的 87 种木制家具产品进行了抽查,结果发现:整个产品的合格率仅为 64.4%。同时,这次抽查中还重点对家具原料的游离甲醛释放量进行了专项检验,在检验的 62 种中密度纤维板样品中,发现仅有 38 种样品合格,合格率仅为 61%。

上海市消协同年 6 月也对上海市内的 13 家大型家具商场进行了家具甲醛释放量比较试验。从试验结果看,抽取的 60 套中密度板家具样板中,仅有 31 套家具符合标准,达标率为 51.67%。其中,成人家具达标率为 48%,儿童家具达标率为 47%;4000 元以下成套家具达标率为 16%,6000 元以上的达标率为 48%。价格与质量达标率基本成正比,即价格越高,达标率越高。甲醛释放量的测试数据指标差别也较大,低的仅为 21mg/100g,高的达到 95mg/100g,超过标准一倍之多。

其他一些部门的调查也表明:在我国,近年来家具对室内环境的污染状况越来越严重,具体案例越来越多。不仅有木制家具的甲醛污染、布艺沙发的污染、办公家具造成的写字楼空气污染,甚至还有整体厨房家具对厨房空气造成的污染。

二、家具产生的污染物及其危害

家具产生的有害物质主要是游离的甲醛、苯、氨气等,其主要来源于胶合板等人造板的胶粘剂,以及制造家具中使用的一些油漆、胶、涂料等。

家具中板材、贴面、用胶、面漆选用不当,都会成为污染源。

大部分家具和橱柜都是用胶合板和高密度板制成的,这些材料中含有尿醛胶涂层,会释放出致癌物质甲醛。

2001 年前我国家具行业还没有严格控制有毒物质的环保标准,国家仅有对刨花板、中密度纤维板的技术要求。家具产生的有害物质主要是游离的甲醛,主要来源于人造板的胶粘剂和油漆等涂料的有毒溶剂,长期作用于人体可产生不良反应。当居室接触甲醛超过国家标准《居室空气中甲醛的卫生标准》(GB/T 16127—

95)规定的环境卫生允许标准两三倍的水平时就可有一定程度不适感出现。

胶粘剂造成的苯污染也不容忽视,胶粘剂在家具的制作时被大量应用。合成胶粘剂对周围空气的污染是比较严重的。

一些家具特别是一些高档家具的油漆中,以生漆作为涂料进行涂刷,而生漆中含有漆酚。漆酚对人体皮肤有腐蚀和中毒作用,易引起皮炎等过敏反应(也叫漆疮)。

另外,长期与上述有机物接触,会对皮肤、呼吸道以及眼黏膜产生刺激,引起接触性皮炎、结膜炎、哮喘性支气管炎以及一些变应性疾病。

三、购买家具的原则

为了有效防止和减少由于家具造成的室内空气污染,我们根据实际情况制定出了以下的原则,供大家参考。

(1)购买家具时要到比较正规的大型家具超市或专卖店去购买品牌家具,这样从质量上和环保要求上都能够得到保障。购买时一定要有出厂检验或质检合格证。

(2)购买家具时,一定要在购买合同内增加室内环境条款,如果发现有室内空气污染问题,必须退货。

(3)购买时发现家具有强烈刺激气味的不要买。买时可拉开抽屉、打开柜门,体验是否刺激得让人流泪,如果有这样的感觉,表明这套家具的甲醛含量严重超标。

(4)人造板制成的家具应全部进行过封边处理。按照国家关于家具质量的要求,凡是使用人造板制成的家具部件都应经严格的封边处理,特别是家具用刨花板应该要求全部封边,这样可以限制人造板中的有害物质释放。

(5)不要购买价格比较低,特别容易侃价的家具。一些家具由于使用了大量质次价低的材料,家具的价格比较便宜,动辄能够砍下上千元。这些家具表面上也许看不出什么毛病,但可能会给你带来无穷的后患。

(6)布艺沙发不但要注意面料,内填充物更有讲究,填充材料用料要实在,弹性均匀,无论压、靠、挤,释放压力后应能迅速回弹,而且没有污染物质。

(7) 如果新购家具在 24 小时后异味仍未散去,就应考虑其甲醛释放量是否超标,马上通知商家。必要时可以请检验部门检测。

(8) 有条件的话,最好买实木、藤制等纯天然家具,少买胶合板、人造板的家具;另外,不锈钢橱柜也是一种较好的选择。

四、新家具的使用原则

在家具使用方面,从有利于人们身体健康看,要注意以下几点:

(1) 新买的家具不要急于放进居室,有条件最好放在空房间里,过一段时间再用,可以减轻室内空气中可挥发有机物的程度。一般说,清漆中的可挥发物质消失得较快(通常在 6 个月),而胶合板中甲醛的释放缓慢,常常需要几年。

(2) 人造板制作的衣柜使用时一定要注意,尽量不要把内衣、睡衣和儿童的服装放在里面。因为甲醛是一种过敏源,当从纤维上游离到皮肤的甲醛量超过一定限度时,就会使人产生变态反应皮炎,多分布在人体的胸、背、肩、肘弯、大腿及脚部等。夏天放在衣柜里的被子也要注意,里面会吸附大量甲醛,冬季使用时一定要充分晾晒后再用。

(3) 如果发现新买的家具对室内环境造成污染,一定要尽快解决,可以请环境检测机构进行检测,也可以直接找生产厂家和商家解决。由于家具的检测需要"开膛破肚",具有较大的破坏性,为避免事后产生纠纷,在送检之前,最好与厂家达成送检协议,就检测费用和破坏家具的处理达成一致意见。

(4) 在室内和家具内采取一些有效的净化措施及材料,可以降低家具释放出的有害气体浓度。

4.1.7 其他材料

一、水龙头的选用

随着居住条件的改善,生活水平的提高,人们对水质的要求也越来越高。因此,环保型、功能性的水龙头日益受到重视。有些商家或厂方开始从环保型和功能性的角度来开创新意,主要是降低水龙头的含铅量以改善水质为主。

一般水龙头的阀体是由青铜铸造而成,其含铜量大致在54%～82%之间,一些优质的进口水龙头的含铜量可高达85%。除了铜之外,水龙头中一般还含有其他一些金属,如铅等,如果铅的含量过高则会对人体健康不利。现在市场上不少水龙头的含铅量普遍在3%～5%之间,而进口原装的水龙头的含铅量比较低。针对这种情况,有的厂家已经开发出低铅型的水龙头,其含铅量可低于0.3%。如果有可能,应尽量多选择含铅量较低的水龙头。

二、地毯的选用

地毯是一种有着悠久历史的室内装饰品。传统的地毯是以动物毛为原材料,经手工编织而成的。目前常用的地毯大多是用化学纤维为原料编织而成的。用于编织地毯的化纤有聚丙烯酸胺纤维(锦纶)、聚酯纤维(涤纶)、聚丙烯纤维(丙纶)、聚丙烯腈纤维(腈纶)以及粘胶纤维等。

地毯是室内空气的一个污染源。试验表明,新铺的合成地毯会向空气中释放出100种不同的化学物质,其中有些是可疑致癌物。而纯羊毛地毯的细毛绒则是一种致敏源,可以引起皮肤过敏,有的甚至可引起哮喘。

另外,地毯还是室内环境中有毒化学物质、微生物和灰尘的主要聚集地。在室内,来自樟脑球、空气清新剂、杀虫剂和香烟烟雾等的化学物质尽管也被墙纸、顶棚和其他室内物品的表面所吸附,但大部分滞留在地毯中。易挥发的化学物质如汽油中的成分等只在地毯中停留几天,杀虫剂和樟脑球中密度较高的化学成分则能滞留几个月,甚至数年后才能挥发掉。由于密度较高的化学物质能更多地被地毯吸附,因此它们需要更长时间才能消散。而传统的吸尘器配备的多是无效过滤器,只会把尘埃粒子微生物又带回室内。这些被地毯吸附的化学物质的量以及它们的挥发速度对于人体健康有显著影响。

因此,如果不是特别需要,尽量不要在居室内铺设地毯。如果确定要铺地毯,则一定要做好地毯的清洁工作,应定期洗刷,有条件的话,应多在阳光下暴晒。

三、壁纸的选用

装饰壁纸是目前国内外使用最为广泛的墙面装饰材料。壁纸装饰对室内空气质量的影响主要是壁纸本身的有毒物质造成的。由于壁纸的成分不同,其影响也是不同的。天然纺织壁纸尤其是纯羊毛壁纸中的织物碎片是一种致敏源,可导致人体过敏。一些化纤纺织物型壁纸可释放出甲醛等有害气体,污染室内空气。塑料壁纸在使用过程中,由于其中含有未被聚合的原料以及塑料的老化分解,可向室内释放各种有机污染物,如甲醛、氯乙烯、苯、甲苯、二甲苯、乙苯等。因此,壁纸的选用也应谨慎进行,应严格按照新颁布的国家标准《室内装饰装修材料——壁纸中有害物质限量》(GB 19585—2001)执行。

4.2　各种材料的检测标准

以前,由于我国对室内环境的认识不够,因此关于室内装修材料的质量标准大都没有考虑其环保影响。在国家环境保护总局颁布的环境标志产品技术要求中,关于室内装修材料的也仅仅只有水性涂料和人造木质板材两大类。

随着人们对室内空气污染的认识加深,政府对室内空气污染的问题也日益重视,因此,国家质量监督检验检疫总局于 2001 年 12 月颁布了包括人造板、涂料、壁纸等 10 项室内装修材料的有害物质限量标准(见表 4-1)。这 10 项国家标准的提出为规范室内装修材料市场提供了技术依据,因而对于促进产品质量不断提高,将室内污染物危害降到最低限度,保证人体健康和人身安全具有重大意义,同时对室内装修材料有害物质监控和规范装修市场正常秩序起到了重要的作用。

这 10 项标准已于 2002 年 1 月 1 日正式实施。

室内装修材料有害物质限量标准 表 4-1

标 准 号	标 准 名 称	有 害 物 种 类
GB 18580—2001	《室内装饰装修材料——人造板材及其制品中甲醛释放限量》	甲醛
GB 18581—2001	《室内装饰装修材料——溶剂型木器涂料中有害物质限量》	挥发性有机化合物、苯、甲苯、重金属、二甲苯、游离甲苯二异氰酸酯
GB 18582—2001	《室内装饰装修材料——内墙涂料中有害物质限量》	游离甲醛、重金属、挥发性有机化合物
GB 18583—2001	《室内装饰装修材料——胶粘剂中有害物质限量》	游离甲醛、苯、甲苯、二甲苯、甲苯二异氰酸酯、挥发性有机化合物
GB 18584—2001	《室内装饰装修材料——木家具中有害物质限量》	甲醛、重金属
GB 18585—2001	《室内装饰装修材料——壁纸中有害物质限量》	甲醛、氯乙烯单体、重金属
GB 18586—2001	《室内装饰装修材料——聚氯乙烯卷材地板中有害物质限量》	氯乙烯、可溶重金属、挥发物
GB 18587—2001	《室内装饰装修材料——地毯、地毯衬垫及地毯用胶粘剂中有害物质限量》	总挥发有机化合物、甲醛、苯乙烯、2-乙基己醇、4-苯基环己烯
GB 18588—2001	《室内装饰装修材料——混凝土外加剂中释放氨限量》	氨气
GB 6566—2001	《室内装饰装修材料——建筑材料放射性核素限量》	放射性核素

4.2.1 人造板及其制品

一、国外人造板检测标准

由于人造板是造成室内空气中甲醛超标的主要因素,世界上不少国家对人造板的甲醛散发值做出了严格的规定,国际标准是穿孔测试值必须小于 10mg 甲醛/100g 板。

日本的 JASNO. 516—1992 标准,该标准对甲醛释放量指标明确分为 3 级,最高级为≤10mg 甲醛/100g 板。

二、我国人造板的检测标准

(1)《国家环境标志产品技术要求——人造木质板材》

我国的《国家环境标志产品技术要求——人造木质板材》中规定:

人造板材中甲醛释放量小于 $0.20mg/m^3$ 的产品属于环保产品。

(2)《室内装饰装修材料——人造板及其制品中甲醛释放限量》(GB 18580—2001)

《室内装饰装修材料——人造板及其制品中甲醛释放限量》(GB 18580—2001)是由国家质监局制定的,在 2001 年 12 月 10 日公开发布,并已于 2002 年 1 月 1 日开始实施。该标准对人造板及其制品中甲醛含量的限量值和检验方法都作了一定的规定,具体见表 4-2。

人造板及其制品中甲醛释放量试验
方法及限量值[①]   表 4-2

产品名称	试验方法	限量值	使用范围	限量标志[②]
中密度纤维板、高密度纤维板、刨花板、定向刨花板等	穿孔萃取法	$\leqslant 9mg/100g$	可直接用于室内	E_1
		$\leqslant 30mg/100g$	必须饰面处理后可允许用于室内	E_2
胶合板、装饰单板贴面胶合板、细工木板等	干燥器法	$\leqslant 1.5mg/L$	可直接用于室内	E_1
		$\leqslant 5.0mg/L$	必须饰面处理后可允许用于室内	E_2
饰面人造板(包括浸渍纸层压木质地板、实木复合地板、竹地板、浸渍胶膜纸饰面人造板等)	气候箱法[③]	$\leqslant 0.12mg/m^3$	可直接用于室内	E_1
	干燥器法	$\leqslant 1.5mg/L$		

① 表中数据摘自国家标准《室内装饰装修材料——人造板及其制品中甲醛释放限量》(GB 18580—2001)。

② E_1 为可直接用于室内的人造板,E_2 为必须饰面处理后可允许用于室内的人造板。

③ 仲裁时采用气候箱法。

4.2.2 涂料

衡量某种涂料是不是环保产品,国际上存在着一个通用的硬指标,即每升涂料中可挥发性有机物(VOCs)的含量,这是全世界都通用的一个标准。通常来讲,绝大多数溶剂型涂料都是有害的,绝大多数水性涂料都是比较好的。但是,这只是一个定性的概念,定量是必须用 VOCs 的含量来界定。

一、国外涂料标准

(1) 环保认证

在发达国家的环保认证中,VOCs 的含量要求非常严格,其中,美国是 150g/L,澳大利亚是 50g/L,最严格的德国只有 10g/L。

(2) 英国涂料联合会方案

英国涂料联合会(British Coating Federation,简称 BCF)提出了一项在建筑装饰涂料中逐步减少溶剂量的方案。该方案具体见表 4-3。

BCF 建议的 VOCs 标准　　　　　　　　表 4-3

类　别	目前 VOCs 含量 (g/L)	建议的 VOCs 含量(g/L)		
		1998 年	2001 年	2004 年
无光内墙涂料	50～150	60	60	30
有光内墙涂料	380～450	350	250	200
外墙涂料	90～150	125	100	50
户外门窗涂料	380～450	400	350	250

另外,欧洲涂料联合会(CEFE-European Federation of Paintmakers)也已提出类似的倡议。

二、我国的涂料标准

我国以前没有关于涂料中有害物限量的标准,只是在环境标志产品技术要求中有一定的规定。进入到 21 世纪以来,随着我国对室内环境认识的加深,国家卫生部、国家质监局在 2001 年分别发布了几项有关涂料的标准。

(1)《国家环境标志产品技术要求——涂料》

《国家环境标志产品技术要求——涂料》要求在产品生产过程中,不得人为添加含有卤代烃、苯系物的物质;产品中的挥发性有机物(VOCs)含量应小于 250g/L;产品生产过程中,不得人为添加含有重金属的化合物,总含量应小于 500mg/kg(以铅计);产品生产过程中不得人为添加甲醛及其甲醛的聚合物,含量应小于 500mg/kg。符合上述条件的涂料可认作环保涂料。

(2)《室内用涂料卫生规范》

为了改变这种无标准的状况,满足社会对健康室内环境的要求,卫生部在2001年制定了一个《室内用涂料卫生规范》,对室内涂料中的有害物质的含量作了一定的限制。具体内容见表4-4。

室内涂料中有害物质含量限值　　　　　表4-4

名　称		溶　剂　型				水　　　性			
		涂料		加稀释剂①		Ⅰ类②		Ⅱ类②	
		目前	2010年	目前	2010年	目前	2010年	目前	2010年
TVOC (g/L)	硝基(清漆)	≤650	≤550	≤750	≤650	≤50	≤30	≤200	≤100
	聚氨酯	≤550	≤450			(扣除水分)			
	醇酸(清漆)	≤500	≤450						
甲苯、二甲苯(g/kg)	硝基(清漆)	≤350	≤250						
	聚氨酯	≤300	≤200						
	醇酸(清漆)	≤100	≤80						
苯(g/kg)		不得作为溶剂使用,作为杂质≤5				不得检出③			
游离甲醛 (g/kg)						≤0.1			
重金属 (mg/kg)		目前		2010年		目前		2010年	
	总Pb	≤200		≤50		不允许使用镉、铅、铬、汞及其化合物,作为杂质,应符合			
						≤50		≤30	
	可溶性Pb	≤20		≤5		≤1		≤0.5	
	Cd	≤0.2		≤0.05		≤0.05		≤0.005	
	Cr	≤300		≤150		≤20		≤10	
	Hg	≤0.01		≤0.005		≤0.005		≤0.001	
游离TDI	聚氨酯(固化剂)	≤1%		≤0.5%					

① 制造商提供的最大限度的稀释比例。

② Ⅰ类光泽≤15/60°,Ⅱ类光泽≥15/60°。

③ 气相色谱法检出限≤0.1g/kg。

　　另外,室内用涂料所用配料不得含有:高毒性物质、致癌物质、致畸物质、致突变物质。室内用涂料所用配料禁止使用的物质见表4-5。

室内用涂料所用配料禁止使用的物质　　　　　表4-5

类　别	化　合　物
砷及其化合物	三氧化二砷、二硫化二砷、三硫化二砷等

类 别	化 合 物
邻苯二甲酸酯	邻苯二甲酸酯二丁酯、邻苯二甲酸酯二辛酯和二(2-乙基-已基)邻苯二甲酸酯等
乙二醇醚及其酯类	乙二醇甲醚、乙二醇乙醚、乙二醇丁醚、乙二醇乙醚醋酸酯、乙二醇丁醚醋酸酯等

（3）《室内装饰装修材料——溶剂型木器涂料中有害物质限量》

《室内装饰装修材料——溶剂型木器涂料中有害物质限量》是国家质监局在 2001 年 12 月 10 日正式发布的,并已于 2002 年 1 月 1 日实施。

溶剂型木器涂料包括硝基漆、聚氨酯漆和醇酸漆三大类,其含有的主要有害物质有:挥发性有机物（VOCs）、苯、甲苯、二甲苯、游离甲苯二异氰酸酯（TDI）和重金属。它们的限量值分别见表 4-6。

溶剂型木器涂料中有害物质限量[①]   表 4-6

项 目		限 量 值		
		硝基漆类	聚氨酯漆类	醇酸漆类
挥发性有机物（VOCs）(g/L)[②] ≤		750	光泽(60℃)≥80600 光泽(60℃)< 80700	550
苯[③]（%） ≤		0.5		
甲苯和二甲苯总和[③]/% ≤		45	40	10
游离甲苯二异氰酸酯(TDI)[④]/% ≤		—	0.7	—
重金属(限色漆)/ (mg/kg)	可溶性铅 ≤	90		
	可溶性镉 ≤	75		
	可溶性铬 ≤	60		
	可溶性汞 ≤	60		

① 表中数据摘自国家标准《室内装饰装修材料——溶剂型木器涂料中有害物质限量》(GB 18581—2001)。

② 按产品规定的配比和稀释比例混合后测定。如稀释剂的使用量为某一范围时,应按照推荐的最大稀释量稀释后进行测定。

③ 如产品规定了稀释比例或产品由双组分或多组分组成时,应分别测定稀释剂和各组分中的含量,再按产品规定的配比计算混合后涂料中的总量。如稀释剂的使用量为某一范围时,应按照推荐的最大稀释量进行计算。

④ 如聚氨酯漆类规定了稀释比例或由双组分或多组分组成时,应先测量固化剂(含甲苯二异氰酸酯预聚物)中的含量,再按产品规定的配比计算混合后涂料的含量。如稀释剂的使用量为某一范围时,应按照推荐的最小稀释量进行计算。

在木器涂料中,挥发性有机物含量采用气相色谱法测定,苯、甲苯、二甲苯的含量采用气相色谱法测定,重金属的含量采用火焰原子吸收光谱法或无焰原子吸收光谱法测定。

(4)《室内装饰装修材料内墙涂料中有害物质限量》(GB 18582—2001)

该标准和《室内装饰装修材料溶剂型木器涂料中有害物质限量》(GB 18581—2001)一样,也是由国家质监局发布和实施的。

内墙涂料中的有害物质主要有:挥发性有机物(VOCs)、游离甲醛和重金属(可溶性铅、镉、铬和汞)。这些有害物的具体限量见表4-7。

内墙涂料中有害物质的限量^① 表 4-7

项　　目		限　量　值
挥发性有机物(VOCs)(g/L) ≤		200
游离甲醛(g/kg) ≤		0.1
重金属(mk/kg)	可溶性铅 ≤	90
	可溶性镉 ≤	75
	可溶性铬 ≤	60
	可溶性汞 ≤	60

① 表中数据摘自国家标准《室内装饰装修材料内墙涂料中有害物质限量》(GB 18582—2001)。

对于内墙涂料中的挥发性有机物含量采用气相色谱法测定,游离甲醛的含量采用分光光度计比色法测定,重金属的含量采用火焰原子吸收光谱法或无焰原子吸收光谱法测定。

4.2.3　胶粘剂

胶粘剂分为溶剂型胶粘剂和水基型胶粘剂两大类,其含有的主要有害物质有:游离甲醛、苯、甲苯、二甲苯、甲苯二异氰酸酯和总挥发性有机物等。

我国国家质监局已于2001年发布了一项国家标准《室内装饰装修材料——胶粘剂中有害物质限量》(GB 18583—2001),该标准已在 2002 年 1 月 1 日正式实施。具体规定见表 4-8 和表 4-9。

溶剂型胶粘剂中有害物质限量值①　　　　　　　　　表 4-8

项　　目	指　　标		
	橡胶胶粘剂	聚氨酯类胶粘剂	其他胶粘剂
游离甲醛(g/kg) ≤	0.5	—	
苯②(g/kg) ≤	5		
甲苯＋二甲苯(g/kg) ≤	200		
甲苯二异氰酸酯(g/kg) ≤	—	10	—
总挥发性有机物(g/L) ≤	750		

① 表中数据摘自国家标准《室内装饰装修材料——胶粘剂中有害物质限量》(GB 18583—2001)。

② 苯不能作为溶剂使用,作为杂质其最高含量不得大于本表。

水基型胶粘剂中有害物质限量①　　　　　　　　　表 4-9

项　　目	指　　标				
	缩甲醛类胶粘剂	聚乙酸乙烯酯胶粘剂	橡胶类胶粘剂	聚氨酯类胶粘剂	其他胶粘剂
游离甲醛 (g/kg) ≤	1	1	1	—	1
苯 (g/kg) ≤	0.2				
甲苯＋二甲苯 (g/kg) ≤	10				
总挥发性有机物 (g/L) ≤	50				

① 表中数据摘自国家标准《室内装饰装修材料——胶粘剂中有害物质限量》(GB 18583—2001)。

　　该标准还规定了对胶粘剂中游离甲醛的含量采用乙酰丙酮分光光度法测定,对苯、甲苯和二甲苯的含量采用气相色谱法测定,对甲苯二异氰酸酯的含量采用气相色谱法测定。

4.2.4　木家具

　　一、国外木家具检测标准

　　为了控制木家具中甲醛的释放,国外许多国家在进行了深入的研究后,提出了许多控制措施和检测方法,并且都制定了相应的标准。其中,德国提出的甲醛释放划分等级方法为大多数国家所承认,即 E1~E3 级,其中 E1 级指标为 6.5mg/100g(干板)。

二、国内木家具检测标准

(1)《国家环境标志产品技术要求——人造木质板材》

以前,我国家具行业没有严格控制家具中有毒物质的环保标准,国家仅有环境标志产品技术要求和对刨花板、中密度纤维板的技术要求。

我国的《国家环境标志产品技术要求——人造木质板材》(1999 年 6 月颁布)中规定:人造板材中甲醛释放量小于 0.20mg/m^3 的产品属于环保产品。

(2)《刨花板、中密度纤维板技术》

2000 年 4 月 1 日实行的国家对刨花板、中密度纤维板技术要求中规定:中密度板的甲醛释放量每 100g 要小于等于 40mg,刨花板的新标准尚在制定中,但最高每 100g 也不得超过 50mg。

(3)《室内装饰装修材料——木家具中有害物质限量》(GB 18584—2001)

《室内装饰装修材料——木家具中有害物质限量》(GB 18584—2001)是国家质监局于 2001 年 12 月发布的一项新标准,该标准已于 2002 年 1 月 1 日起正式生效。其各种有害物质具体限量值可见表 4-10。

木家具中有害物质限量值[①]   表 4-10

项 目		限 量 值
甲醛释放量(mg/L)		≤1.5
重金属含量(限色漆)(mg/kg)	可溶性铅	≤90
	可溶性镉	≤75
	可溶性铬	≤60
	可溶性汞	≤60

① 表中数据摘自国家标准《室内装饰装修材料——木家具中有害物质限量》(GB 18584—2001)。

— 124 —

该标准还规定了对木家具中有害物质的测定方法:甲醛的含量采用干燥器法测定,重金属的含量采用火焰原子吸收光谱法或无焰原子吸收光谱法测定。

4.2.5 壁纸

壁纸中的有害物质主要有重金属、氯乙烯单体和甲醛等,2001年12月颁布的《室内装饰装修材料——壁纸中有害物质限量》(GB 18585—2001)对这些有害物的限量值做出了明确的规定,具体见表4-11。

壁纸中有害物质限量值[①]

表4-11

有 害 物 质 名 称		限 量 值
重金属(或其他)元素 (mg/kg)	钡	≤1000
	镉	≤25
	铬	≤60
	铅	≤90
	砷	≤8
	汞	≤20
	硒	≤165
	锑	≤20
氯乙烯单体(mg/kg)		≤1.0
甲醛/(mg/kg)		≤120

① 表中数据摘自国家标准《室内装饰装修材料——壁纸中有害物质限量》(GB 18585—2001)。

该标准还规定了这些有害物质的测定方法:重金属的含量采用原子吸收分光光度法或 ICP 感耦等离子体原子发射分光光度法测定,如测定结果出现争议,以原子吸收分光光度法为准;氯乙烯单体的含量应按(GB/T 4615—84)的规定进行;甲醛的含量采用分光光度计进行测定。

4.2.6 聚氯乙烯卷材地板

聚氯乙烯卷材地板又称聚氯乙烯地板革,它是以聚氯乙烯树脂为主要原料,并加入适当的助剂,采用涂敷、压延、复合等工艺生产而成的发泡或不发泡的、有基材或无基材的卷材地板,常被人们用于室内装修。

聚氯乙烯卷材地板中含有的有害物质主要有氯乙烯单体、可溶性重金属、有机挥发物等,《室内装饰装修材料——聚氯乙烯卷材地板中有害物质限量》(GB 18586—2001)对这些有害物的限量值做出了明确的规定,具体可参见表4-12。

聚氯乙烯卷材地板中有害物质限量[①]　　　　表4-12

项　　　目		限　量　值
氯乙烯单体(mg/kg)		≤5
可溶性重金属[②](mg/m²)	可溶性铅	≤20
	可溶性镉	≤20
有机挥发物 (g/m²)	发泡类卷材地板 玻璃纤维基材	≤75
	发泡类卷材地板 其他基材	≤35
	非发泡类卷材地板 玻璃纤维基材	≤40
	非发泡类卷材地板 其他基材	≤10

① 表中数据摘自国家标准《室内装饰装修材料——聚氯乙烯卷材地板中有害物质限量》(GB 18586—2001)。

② 卷材地板中不得使用铅盐助剂。

对聚氯乙烯卷材地板中氯乙烯单体的含量的测定应按(GB/T 4615—84)的规定进行,对可溶性重金属的含量的测定采用原子吸收光谱仪进行,对有机挥发物含量的测定采用干燥箱法进行。

4.2.7　地毯、地毯衬垫及地毯胶粘剂

地毯中的有害物主要有总挥发性有机化合物、甲醛、苯乙烯和4-苯基环己烯等;地毯衬垫中的主要有害物有总挥发性有机化合物、甲醛、丁基羟基甲苯和4-苯基环己烯等;地毯胶粘剂中的主要有害物有总挥发性有机化合物、甲醛和2-乙基己醇等。2001年由国家质监局颁布的《室内装饰装修材料——地毯、地毯衬垫及地毯胶粘剂有害物质释放限量》(GB 18587—2001)对这些有害物的含

量做出了明确的规定,具体可见表4-13。

地毯、地毯衬垫及地毯胶粘剂中有害物质

释放限量[mg/(m²·h)][①]　　　表 4-13

有害物质测试项目		限　量　值	
		A 级[②]	B 级[③]
地　毯	总挥发性有机化合物	≤0.500	≤0.600
	甲醛	≤0.050	≤0.050
	苯乙烯	≤0.400	≤0.500
	4-苯基环己烯	≤0.050	≤0.050
地毯衬垫	总挥发性有机化合物	≤1.000	≤1.200
	甲醛	≤0.050	≤0.050
	丁基羟基甲苯	≤0.030	≤0.030
	4-苯基环己烯	≤0.050	≤0.050
地毯胶粘剂	总挥发性有机化合物	≤10.000	≤12.000
	甲醛	≤0.050	≤0.050
	2-乙基己醇	≤3.000	≤3.500

① 表中数据摘自国家标准《室内装饰装修材料——地毯、地毯衬垫及地毯胶粘剂有害物质释放限量》(GB 18587—2001)。

② A 级为环保型产品。

③ B 级为有害物质限量合格产品。

该标准对这些有害物的测定也做出了明确的规定:对总挥发性有机化合物、4-苯基环己烯、丁基羟基甲苯和2-乙基己醇的含量均采用气相色谱法测定。对甲醛的含量采用乙酰丙酮分光光度法或酚试剂分光光度法测定,对苯乙烯的含量采用气相色谱法测定。

4.2.8　混凝土外加剂

混凝土外加剂是指在拌制混凝土过程中掺入的,用以改善混凝土性能的物质。

混凝土外加剂中的有害物质主要是氨。根据国家标准《室内装饰装修材料——混凝土外加剂释放氨的限量》(GB 18588—2001)的规定,其释放氨的量应不大于0.01%(质量分数)。

对混凝土外加剂中释放氨的测定采用蒸馏后滴定法。

4.2.9　木地板

到目前为止,对木地板中有害物质的限量标准主要有两项:

(1)《实木复合地板》

中华人民共和国国家标准《实木复合地板》规定:A类实木复合地板甲醛释放量小于和等于 9mg/100g;B类实木复合地板甲醛释放量等于 9～40mg/100g。(注:A类为安全,B类为微量污染)。

(2)《国家环境标志产品技术要求———人造木质板材》

《国家环境标志产品技术要求———人造木质板材》规定:木地板中甲醛释放量小于 0.12mg/m³ 的属于环保产品。

4.2.10　无机非金属类材料

无机非金属类材料的主要有害物质是放射性核素。

根据建筑物用途的不同,建筑物可以分为民用建筑和工业建筑两类。在民用建筑中,一般把住宅、老年公寓、托儿所、医院和学校等建筑称作Ⅰ类民用建筑,而把商场、体育馆、书店、宾馆、办公楼、图书馆、文化娱乐场所、展览馆和公共交通等候室等称为Ⅱ类民用建筑。在Ⅰ类民用建筑中,人们停留的时间长,老幼体弱者居多。而在Ⅱ类民用建筑,人们停留的时间短,以健康人群为多。

大理石、花岗岩都是自然界的岩石,而由于自然界中的岩石中放射性核素分布不太均匀,这样就使这些天然石材所具有的放射性水平也就会有所不同。

(1)《天然石材的放射防护卫生分类标准》

建设部在 1993 年就制定了《天然石材的放射防护卫生分类标准》,标准中将天然石材根据它的放射性元素含量的不同分为 A、B、C 三个类别:A类石材的放射性镭比活度低于 200 贝可/公斤(Bq/kg),一般不会对人体构成危害,可广泛用于各类建筑和室内装饰;B类石材的镭比活度在 200～250 贝可/公斤(Bq/kg)之间,不能用来装饰室内墙和地面,尤其不能用于卧室和客厅之中,由于其超标不是太大,可以用于建筑体的外墙装饰面;C类石材的镭比活度在 250～1000 贝可/公斤(Bq/kg)之间,这类石材绝对不能用于室内装饰,只能用于海堤、桥墩及碑石等与人群不易接触与滞留的区域。

(2) 建筑陶瓷的放射性标准

由于建筑材料的放射性会危及人们的身体健康,世界上很多国家都对建筑装饰材料的放射性进行控制并制定了相应标准,我国也不例外。1986 年以后国家和有关部门相继颁布了《建筑材料放射卫生防护标准》以及《建筑材料用工业废渣放射性物质限制标准》、《掺工业废渣建筑材料产品放射性物质控制标准》、《天然石材产品放射性分类控制标准》。在《建筑材料放射卫生防护标准》中的总则中规定"本标准适用于建造住房和公共生活用房的砖、瓦、砌块、水泥、大板、混凝土多孔板和预制构件等建筑材料成品"。

同样的,建筑陶瓷也可类似于天然石材,采用《天然石材产品放射性防护分类控制标准》进行分类,A 类,使用范围不受限制,如卧室;B 类,除居室内饰面以外的一切建筑物的内外饰面,如客厅和过道等;C 类,可用于一切建筑物的外饰面,如居民楼。

(3)《建筑材料放射性核素限量》(GB 6566—2001)

2001 年 12 月,国家质监局发布了《建筑材料放射性核素限量》(GB 6566—2001),该标准对于不同的建筑材料中的放射性核素的含量都给出了限量标准,具体如下:

当建筑主体材料中天然放射性核素镭 -226、钍 -232、钾 -40 的放射性比活度同时满足 $I_{Ra}\leqslant 1.0$ 和 $I_{\gamma}\leqslant 1.0$ 时,其产销与使用范围不受限制;

对于空心率大于 25% 的建筑主体材料,其天然放射性核素镭 -226、钍 -232、钾 -40 的放射性比活度同时满足 $I_{Ra}\leqslant 1.0$ 和 $I_{\gamma}\leqslant 1.3$ 时,其产销与使用范围不受限制;

装修用无机非金属类材料中天然放射性核素镭 -226、钍 -232、钾 -40 的放射性比活度同时满足 $I_{Ra}\leqslant 1.0$ 和 $I_{\gamma}\leqslant 1.3$ 要求的为 A 类装修材料,其产销与使用范围不受限制;

不满足 A 类装修材料要求但同时满足 $I_{Ra}\leqslant 1.3$ 和 $I_{\gamma}\leqslant 1.9$ 要

求的为 B 类装修材料,它不可用于Ⅰ类民用建筑的内饰面,但可用于Ⅰ类民用建筑的外饰面及其他一切建筑的内、外饰面;

不满足 A、B 类装修材料要求但同时满足 $I_\gamma \leqslant 2.8$ 要求的为 C 类装修材料,它只可用于建筑物的外饰面及室外其他用途;

$I_\gamma > 2.8$ 的花岗岩只可用于碑石、海堤、桥墩等人类很少涉及到的地方。

该标准对建筑材料中放射性核素的测量要求采用低本底多道 γ 能谱仪。

第5章 室内环境标准和检测

5.1 健康住宅

5.1.1 健康住宅的含义

人的一生有三分之二的时间是在室内度过的,而其中大部分时间又是在家中度过,因而室内环境质量的优劣与人的生活息息相关,直接关系到人的健康。所以,人们便提出了一个健康住宅的概念。

健康住宅有以下几方面的含义:

一、物理因素

(1) 住宅的位置选择合理,平面设计方便适用,日照、间距符合规定的情况下,提高容积率(建筑面积/占地面积)。

(2) 墙体保温,围护结构达 50% 的节能标准,外观、外墙涂料、建材应能体现现代风格和时代要求。

(3) 通风窗应具备热交换、隔绝噪声、防尘效果优越等功能。

(4) 住宅应装修到位,简约,以避免二次装修所造成的污染。

(5) 声、热、光、水系列量化指标。有宜人的环境质量和良好的室内空气质量。

二、与环境友好和亲和性

住户充分享受阳光、空气、水等大自然的高清新性。使人们在室内尽可能多的享有日光的沐浴,呼吸清新的空气,饮用完全符合卫生标准的水。人与自然和谐共存。

— 131 —

三、环境保护

住宅排放废弃物、垃圾、分类收集,以便于回收和重复利用,对周围环境产生的噪声进行有效的防护,并进行中水的回用,如将中水用于灌溉、冲洗厕所等。

四、健康行为

小区开发模式以建筑生态为宗旨,设有医疗保健机构、老少皆宜的运动场,不仅身体健康,且心理健康,重视精神文明建设,邻里助人为乐、和睦相处。

五、体现可持续发展

住宅环境和设计的理念,是坚持可持续发展为主旋律,主要有三点:

(1) 减少地球、自然、环境负荷的影响,节约资源、减少污染,既节能又有利于环境保护。

(2) 建造宜人、舒适的居住环境。

(3) 与周围生态环境融合,资源要为人所用。

5.1.2 健康住宅的要求

根据世界卫生组织(WHO)的定义,"健康住宅"就是指能使居住者"在身体上、精神上、社会上完全处于良好状态的住宅",其宗旨是为了使居住在其中的人们获得幸福和安康。

一、健康住宅的一般要求

具体来说,"健康住宅"有以下几个方面的一般要求:

(1) 可以引起过敏症的化学物质的浓度很低;

(2) 尽可能不使用容易挥发出化学物质的胶合板、墙体装饰材料等;

(3) 设有性能良好的换气设备,能及时将室内污染物质排出室外,特别是对高气密性、高隔热性的住宅来说,必须采用具有风管的中央换气系统,进行定时换气;

(4) 在厨房灶具或吸烟处,要设置局部排气设备;

(5) 起居室、卧室、厨房、厕所、走廊、浴室等处的温度要全年

保持在 17~27℃ 之间;

（6）室内的湿度全年保持在 40%～70% 之间;

（7）二氧化碳浓度要低于 1000ppm;

（8）悬浮粉尘浓度要低于每立方米 0.15mg;

（9）噪声要小于 50dB(分贝);

（10）每天的日照要确保在 3h 以上;

（11）要设置有足够亮度的照明设备;

（12）设有良好换气设备,保持室内清新的空气;

（13）住宅应具有足够的抗自然灾害的能力;

（14）具有足够的人均建筑面积;

（15）住宅要便于保护老年人和残疾人。

二、对特殊建筑的要求

（一）高层建筑

随着科学技术的进步,住宅不断向空中发展,高层建筑越来越多,其在住宅中的比例也越来越大。因此,专家们特意从日照、采光、室内净高、微小气候及空气清新度等五个方面对高层建筑住宅提出了以下要求:

（1）太阳光可以杀灭空气中的微生物,提高机体的免疫力。专家认为,为了维护人体健康和正常发育,居室日照时间每天必须在 3 小时以上。

（2）采光。是指住宅内能够得到的自然光线,一般窗户的有效面积和房间地面面积的比例应大于 1:15。

（3）室内净高不得低于 2.8m。这个标准是"民用建筑设计定额"规定的。对居住者而言,适宜的净高给人以良好的空间感,净高过低会使人感到压抑。实验表明,当居室净高低于 2.55m 时,室内二氧化碳浓度较高,对室内空气质量有明显影响。

（4）微小气候:要使居室卫生保持良好的状况,一般要求冬天室温不低于 12℃,夏天不高于 30℃;室内相对湿度不大于 65%;夏天风速不小于 0.15m/s,冬天不大于 0.3m/s。

（5）空气清度。空气清度是指居室内空气中某些有害气体、代谢物质、飘尘和细菌总数不能超过一定的含量,这些有害气体主要有二氧化碳、二氧化硫、氡、甲醛、苯、挥发性有机物等。

除上述五条基本标准外,对高层建筑住宅还应包括诸如照明、隔离、防潮、防止射线等方面的要求。

(二)儿童房间

与成年人相比,由于儿童正处于长身体的阶段,他们的呼吸量按体重比成人高50%,另外,儿童有80%的时间是在室内生活,因此,他们比成年人更容易受到室内空气污染的危害。

据世界卫生组织宣布:全世界每年有10万人因为室内空气污染而死于哮喘病,而其中35%为儿童。另外,英国的"全球环境变化问题"研究小组认为:环境污染使人类特别是儿童的智力大大降低!这就是说,无论从儿童的身体还是智力发育看,室内环境污染对儿童的危害不容忽视。

根据国家的有关规定,对于儿童房间,有以下几方面的健康要求:

(1)二氧化碳:小于0.1%。二氧化碳是判断室内空气的综合性间接指标,如浓度增高,可使儿童感到恶心、头疼等不适。

(2)一氧化碳:小于5mg/m³。一氧化碳是室内空气中最为常见的有毒气体,容易损伤儿童的神经细胞,对儿童成长极为有害。

(3)细菌:总数小于10个/皿。儿童正处于生长发育阶段,免疫力比较低,要做好房间的杀菌和消毒。

(4)气温:儿童的体温调节能力差,夏季室温应控制在28℃以下,冬季室温应在18℃以上,但要注意空调对儿童身体的影响,合理使用。

(5)相对湿度:应保证在30%～70%之间,湿度过低,容易造成儿童的呼吸道损害;过高则不利于汗液的蒸发,使儿童身体不适。

(6)空气流动:在保证通风换气的前提下,气流不应大于0.3m/s,过大则使儿童有冷感。

(7)采光照明:儿童在书写时,房间光线要分布均匀,无强烈

134

眩光,桌面照度应不小于 100lux。

（8）噪声对儿童脑力活动影响极大,一方面分散儿童在学习活动时的注意力,另一方面,长时间接触噪声可造成儿童心理紧张,影响身心健康。因此,儿童房间的噪声应控制在 50dB 以下。

5.2 室内环境标准和规范

5.2.1 室内环境标准和规范

一、已制定的标准和规范

自 1995 年以来,国家质量技术监督局制定了一系列室内环境质量的评价标准,主要有《居室空气中甲醛的卫生标准》、《住房内氡浓度检测标准》、《室内空气中二氧化硫卫生标准》、《室内空气中二氧化碳卫生标准》、《室内空气中氮氧化物卫生标准》、《室内空气中细菌总数卫生标准》、《室内空气中可吸入颗粒物卫生标准》。另外,加上其他部委制定的标准,共计有 10 多部。具体见表 5-1。

我国已制定的关于室内环境的标准、法规和规范　表 5-1

序　号	标　准　名　称	标　准　号
1	住房内氡浓度检测标准	GB/T16146—95
2	居室空气中甲醛的卫生标准	GB/T16127—95
3	室内空气中二氧化硫卫生标准	GB/T17097—97
4	室内空气中氮氧化物卫生标准	GB/T17096—97
5	室内空气中可吸入颗粒物卫生标准	GB/T17095—97
6	室内空气中二氧化碳卫生标准	GB/T17094—97
7	城市区域噪声标准	GB 3096—93
8	中华人民共和国环境噪声污染防治法	
9	声学环境噪声测量方法	GB/T3222—94
10	城市区域环境噪声测量方法	GB/T 14623—93

序　号	标　准　名　称	标　准　号
11	环境地表 γ 辐射剂量率测量规范	GB/T14583—93
12	环境空气中氡的标准	GB/T14582—93
13	空气中氡浓度闪烁瓶测量法	GB/T16147—95
14	空气质量氨的测定	GB/T14668—93
15	空气质量苯乙烯的测定	GB/T14670—93
16	居住区大气中甲醛卫生检验标准方法	GB/T16129—95
17	天然石材产品放射防护分类控制标准	JC 518—93
18	地下建筑氡及其子体控制标准	GB 16536—96
19	室内空气中细菌总数卫生标准	GB/T 17093—97
20	室内空气中臭氧卫生标准	
21	建筑材料放射卫生防护标准	GB 6566—2000
22	室内空气质量卫生规范	

对于不同的室内污染物,有不同的限量标准,具体见表 5-2。

中国已制定的室内空气质量标准　　表 5-2

序号	污染物名称	标　准　值	编　号
1	细菌	≤4000 个/m^3	GB/T 17093—97
2	二氧化碳	≤0.10%(2000mg/m^3)	GB/T 17094—97
3	可吸入颗粒物	日平均最高允许浓度为 0.15mg/m^3	GB/T 17095—97
4	氮氧化物	日平均最高允许浓度为 0.10mg/m^3	GB/T 17096—97
5	二氧化硫	日平均最高允许浓度为 0.15mg/m^3	GB/T 17097—97
6	氡(住房内)	新建平衡当量浓度年平均≤100Bq/m^3 旧房平衡当量浓度年平均≤200Bq/m^3	GB/T 16146—99
7	苯并[a]芘	日平均最高允许浓度为 0.15mg/m^3	WS/T 182—99
8	甲醛	0.08mg/m^3	GB/T 16127—95

二、新制定的标准

随着社会经济的向前发展,人们对室内环境的要求越来越高,已制定的一些关于室内环境的标准出现了明显的局限性。因此,为了进一步规范我国的室内环境标准,为人民群众更好的服务,我国的一些部委正在努力抓紧时间制定一系列的标准和规范。

2001年4月16日,国家环保总局邀请卫生部以及室内环境专家组成《室内环境质量评价标准》编委会,决定在现行的室内环境标准基础上,进行资料收集整理、充分调查研究和广泛征求意见,在2001年内制定出一部更为完整和科学的室内空气质量评价标准。该标准包括住宅居室和办公场所室内环境质量标准两个部分,控制项目有可吸入颗粒物、甲醛、二氧化碳、二氧化硫、苯、氨、氡、温度、相对湿度、空气流速、细菌总数、噪声、二甲苯、新风量等。

2001年6月27日,国家质检总局联合建设部、林业局、中国轻工业联合会和中国石油化工协会及有关部门的专家在北京召开了制定《室内建筑装饰装修材料有害物质限量》强制性国家标准研讨会。《室内建筑装饰装修材料有害物质限量》强制性国家标准由人造板、内墙涂料、木器涂料、胶粘剂、地毯、壁纸、家具、地板革、混凝土外加剂和建筑材料放射性物质等10个部分组成。该标准已于2001年12月10日对外发布,并已于2002年1月1日正式实施。

2001年7月17日,由《民用建筑工程室内环境污染控制规范》编制组编写的《民用建筑工程室内环境污染控制规范》送审。此规范规定了建筑材料和装修材料用于民用建筑工程时,为控制由其产生的室内环境污染,对工程勘察设计、工程施工、工程检测及工程验收等阶段的规范性要求。该标准已于2001年11月26日对外发布,并已于2002年1月1日正式实施。该标准的具体检测标准见表5-3。

2001年9月10日,由卫生部制定的《室内空气质量卫生规

污 染 物	Ⅰ类民用建筑工程	Ⅱ类民用建筑工程
氡(Bq/m^3)	≤200	≤400
游离甲醛(mg/m^3)	≤0.08	≤0.12
苯(mg/m^3)	≤0.09	≤0.09
氨(mg/m^3)	≤0.2	≤0.5
TVOC(mg/m^3)	≤0.5	≤0.6

注:1. 表中污染物浓度限量,除氡外均应以同步测量的室外空气相应值为空白值。

2. Ⅰ类建筑是指人们在其中停留的时间较长,且年老体弱者居多,如住宅、医院病房、老年建筑、幼儿园、疗养院和学校教室等。

3. Ⅱ类建筑是指人们在其中停留的时间较少的建筑,其他如办公楼、旅店、文化娱乐场所、商场、交通工具等候室、医院候诊室、饭馆、理发店等。

范》正式执行。该规范规定了室内空气质量标准和卫生要求、通风和净化卫生要求,以及室内空气中各种污染物和其他参数的检验方法。《室内空气质量卫生规范》主要适用于住宅和办公建筑物,其具体指标可见表 5-4。

《室内空气质量卫生规范》中污染物限量值　　　　表 5-4

污 染 物		单 位	浓 度	备 注
二氧化硫	SO_2	mg/m^3	0.15	
二氧化氮	NO_2	mg/m^3	0.10	
一氧化碳	CO	mg/m^3	5.0	
二氧化碳	CO_2	%	0.10	
氨	NH_3	mg/m^3	0.2	
臭氧	O_3	mg/m^3	0.1	小时平均
甲醛	HCHO	mg/m^3	0.12	小时平均
苯	C_6H_6	$\mu g/m^3$	90	小时平均
苯并[a]芘	B(a)P	$\mu g/100m^3$	0.1	
可吸入颗粒	PM_{10}	mg/m^3	0.15	
总挥发有机物	TVOC	mg/m^3	0.60	
细菌总数		个$/m^3$	2500	

注:1. 除特殊指出外,均为日平均浓度;

2. 居室内甲醛的浓度限值为 $0.08mg/m^3$;

3. 小时平均浓度指任何一小时的平均浓度,每小时至少有45分钟以上的测量数。

另外、北京、上海等大城市同期也制定了不少关于室内环境的规范。例如,为了控制室内空气中的氨污染,北京市城乡建设委员会和北京市城乡规划委员会已于 1998 年 12 月下文,以"污染环境,影响人体健康"和"污染环境,长期散发异味"为原因,规定从 2000 年 3 月 1 日起强制淘汰高碱混凝土膨胀剂,对含尿素的混凝土防冻剂划定了使用范围,从 2000 年 3 月 1 日起不准在住宅工程、公建工程中使用,同时提出了对违规者的监督和处罚。而上海在制定出《城市住宅室内装饰装修管理办法》后,又正在抓紧制定新的住宅装饰装修验收标准,在该标准中,室内空气质量将首次被列入新的验收项目,这就是说,所有上海市今后装修完工的房子,都要先进行室内空气质量指数的测量。

5.2.2 室内污染物的最高容许浓度

由于各类建筑的用途不同,且装修的程度不同,因此每类建筑应重点关注的污染物的种类也都不同:毛坯房应该注意氡和氨的污染;装修房应重点关注甲醛、石材放射性、挥发性有机物(VOCs)和氡浓度;办公室环境中以甲醛、挥发性有机物总量(VOCs)、氮氧化物等的污染最严重。

室内污染物的浓度有两类:日平均浓度和小时平均浓度。日平均浓度是指任何一日的平均浓度,它每日至少有 18 个小时以上的测量数据。小时平均浓度是指任何一小时的平均浓度,它每小时至少有 45 分钟以上的测量数据。

一、居室空气中甲醛的最高容许浓度

根据中华人民共和国国家标准《居室空气中甲醛的卫生标准》(GB/T16127—95)规定:居室空气中甲醛的最高容许浓度为 $0.08mg/m^3$。

表 5-5 为世界各主要国家和我国对室内甲醛浓度的限制值。

二、居室空气中苯的最高容许浓度

法国公共卫生机构规定室内空气中苯含量的现行标准是每立方米不超过 $10\mu g$,而欧盟制定的 2010 年达标标准是每立方米不

世界各主要国家和我国对室内甲醛浓度的限制值 　　表 5-5

国家或组织	限制值 （mg/m³）	评　述
中　　国	0.08	公共场所卫生标准
国际卫生组织	<0.1	总人群,30 分钟均值
美　　国	0.1ppm	联邦目标环境水平
日　　本	0.12(0.1ppm)	室内空气品质标准
瑞　　士	0.24(0.2ppm)	指导限值
德　　国	0.12(0.1ppm)	总人群,基于刺激作用的指导限值
丹　　麦	0.15	总人群,基于刺激作用的指导限值
荷　　兰	0.12(0.1ppm)	基于总人群的刺激作用和敏感者的致癌作用
瑞　　典	0.13/0.20	室内安装胶合板/补救措施控制
芬　　兰	0.30/0.12	对老/新(1981 年为界)建筑物的指导限值
意 大 利	0.12(0.1ppm)	暂定指导限值
挪　　威	0.06	推荐指导限值
新 西 兰	0.12(0.1ppm)	室内空气品质标准
奥 地 利	0.10ppm	
比 利 时	0.12ppm	

超过 $5\mu g$。

目前,我国还没有居室空气中苯含量的明确标准,只有居民居住区大气中苯含量的限制,即每立方米空气中苯的含量应小于 $2.4mg$,$2.4mg$ 也就相当于半支香烟产生的烟尘量。显然,居室空气中的苯含量的最高容许浓度应低于以上标准。因此,最近由国家质量监督检验检疫总局和建设部制定的《民用建筑工程室内环境污染控制规范》和前一时期卫生部制定的《室内空气质量卫生规范》中都将室内环境中苯浓度限定为 $0.090mg/m^3$,已大大严于前一标准。

三、室内空气中挥发性有机化合物的最高容许浓度

对于室内空气中 TVOC 浓度的限值,由于研究工作的滞后,目前世界各国还没有一个正式的官方标准。表 5-6 为世界各国各自的室内 TVOC 的推荐标准。

各国室内卫生研究部门推荐的室内 TVOC 的标准　　表 5－6

部　　门	推 荐 标 准	
	$\mu g/m^3$	ppb
北欧建材协会	300～1300	75～325
日本厚生省	400～1000	100～250
美国卫生协会	＜1000	＜200
美国得州协会	500	100
澳大利亚国家健康协会	500	100
芬兰室内空气质量和环境协会	200～600	50～150
德国卫生协会	300	75
丹麦健康协会	250	50
世界卫生组织	300	75

从表 5-6 可以看出,尽管各国的推荐标准有所不同,但大体落在 50～325ppb 之间。1999 年,在延吉召开的"室内空气污染对健康的危害及控制技术"讲习班上,我国卫生部门曾探讨了中国室内空气质量,各位专家认为我国的 TVOC 的限制标准应当在 500ppb 以下。

我国一直没有关于室内总挥发有机物的最高容许浓度的规定,直到最新制定的《室内空气质量卫生规范》才规定室内总挥发有机物的最高容许浓度为 $0.6mg/m^3$。

四、居室空气中氨的最高容许浓度

由于人们对室内环境中的有害物质有一个不断认识和发现的过程,所以室内环境标准的制定也是一个逐步完善的过程。到目前为止,我国还没有居室空气中氨含量的明确标准。室内环境检测部门现在对室内空气中氨的检测一般采用两个参照标准:一是

国家 1996 年制定的公共场所卫生标准中的《理发店、美容店卫生标准》(理发店操作中经常使用氨水,国家规定每立方米空气中氨气不超过 0.5mg);二是国家发布的《工业企业设计卫生标准》(规定化工厂附近居民区大气中氨的标准每立方米空气中氨气的浓度不超过 0.2mg)。由于室内环境中没有氨的污染源,所以实际数值都应该低于以上两个标准。

我国公共场所空气质量卫生标准规定氨气浓度不能大于 $0.5mg/m^3$。

五、居室空气中氡的最高容许浓度

国家关于室内氡浓度有严格的标准。1996 年,国家技术监督局和卫生部就颁布了《住房内氡浓度控制标准》,规定新建的建筑物中每立方米空气中氡浓度的上限值为 100Bq,已使用的旧建筑物中每立方米空气中氡的浓度为 200Bq。具体见表 5-7。

《地下建筑氡及其子体控制标准》GB 16356—1996　　表 5-7

年平均平衡当量氡浓度		氡子体 α 潜能浓度		
Bq/m³		$10^{-6}Jm^{-3}$	WL	10^3MeVL^{-1}
已建住房	200	1.1	0.054	6.9
新建住房	100	0.55	0.027	3.45
已用地下建筑	400	2.2	0.108	13.8
待建地下建筑	200	1.1	0.054	6.9

注:氡及其子体浓度单位换算关系:$1Bq/m^3 = 3.45 \cdot 10^4 MeVm^{-1} = 5.5 \cdot 10^{-9}Jm^{-3} = 0.27m\ WL$。

六、居室空气中氮氧化物的最高容许浓度

《室内空气中氮氧化物卫生标准》(GB/T 17096—97)规定室内空气中氮氧化物(以二氧化氮计)的日平均最高浓度规定为 $0.10mg/m^3$。

七、居室空气中二氧化硫的最高容许浓度

《室内空气中二氧化硫卫生标准》(GB/T 17097—97)规定室内空气中二氧化硫的日平均最高容许浓度值为 $0.15mg/m^3$。

八、居室空气中二氧化碳的最高容许浓度

《室内空气中二氧化碳卫生标准》(GB/T17094—97)规定室内空气中二氧化碳的卫生标准值≤0.10%(2000mg/m³)。

九、居室空气中可吸入颗粒物的最高容许浓度

可吸入颗粒物是指能进入呼吸道的质量中值直径为 $10\mu m$ 的颗粒物($D_{50} = 10\mu m$)。《室内空气中可吸入颗粒物卫生标准》(GB/17095—97)规定室内可吸入颗粒物的日平均最高容许浓度为 $0.15mg/m^3$(质量中值直径为 $10\mu m$ 标准值);室内空气中细菌总数规定撞击法≤4000 个/m^3;沉降法≤45 个/皿。

十、居室空气中臭氧的最高容许浓度

2001 年 1 月 1 日,国家正式颁布的《室内空气中臭氧卫生标准》规定室内每立方米空气中臭氧的平均最高允许浓度不得超过 0.1mg。

十一、电磁波辐射标准

为防止电磁辐射污染、保护环境和保障公众健康,促进我国现代化建设的发展,近年来,国家先后制定了一些相应的标准。

(1) 1988 年 3 月 11 日国家环境保护局发布了《电磁辐射防护规定》规定中电磁辐射的防护限值范围为 100kHz～300GHz。

(2) 1989 年《作业场所微波辐射卫生标准》被正式批准为国家标准,其限值为 0.4 mW/cm²。

(3) 1989 年批准的《环境电磁波卫生标准》提出了电磁辐射污染的二级容许限值。

一级标准为安全环境,在这种环境下长期居住、工作和生活的一切人群(包括婴儿、孕妇和老弱病残者),其健康不受影响;

二级标准为中间环境,长期居住生活在这种环境地区的人群,可能会产生潜在性不良反应,对易感人群引起某些不良影响,故需加以限制。

超过二级标准以上的环境,则可对人体带来有害影响,室外环境只可用做绿化和种植农作物。室内环境则需要采取防护措施。

表 5-8 为室内各种污染物的最高允许浓度。

室内污染物的最高允许浓度 表 5-8

物质名称	最高允许浓度	检测标准
甲醛	$0.08mg/m^3$	GB/T 16127
氡	$100Bq/m^3$(新房) $200Bq/m^3$(旧房)	GB/T 16146
苯	$0.09mg/m^3$	室内空气质量卫生规范
总挥发性有机物	$0.60mg/m^3$	室内空气质量卫生规范
氮氧化物	$0.10mg/m^3$	GB/T 17096
二氧化碳	0.10%($2000mg/m^3$)	GB/T 17094
二氧化硫	$0.15mg/m^3$	GB/T 17097
细菌总数	4000 个$/m^3$	GB/T 17093
可吸入颗粒物	$0.15mg/m^3$	GB/T 17095
氨	$0.5mg/m^3$	GB 9666—1996
二甲苯	$0.3mg/m^3$(居住区)	
甲醇	$3.0mg/m^3$(居住区)	
噪声	50/40dB	GB/T 3222—94
氮氧化物	$0.10mg/m^3$	GB/T 17096
臭氧	$0.10mg/m^3$	

5.3 室内环境的检测

5.3.1 室内环境污染的自我判断

随着人们室内环境意识的提高,人们对室内环境给自身及家人的健康带来的影响越来越关心。那么,怎样判断您和您家人生活的环境是否安全和健康呢?我们根据多年来进行室内环境检测和治理的实践,归纳和总结出了室内环境污染造成危害的 10 种主要表现,请大家根据以下表现进行自我判断。

一、起床综合症

症状:起床时感到憋闷、恶心,甚至头晕目眩。

病例:2000 年 1 月 18 日至 20 日之间,北京某小区 2 号楼有两位业主反映房间有异味,而且人们感到头晕、恶心,白天不敢关窗,如果晚上关窗睡觉,早晨起来后就会觉得口鼻十分难受。后经有关单位对房间进行检测,发现 2 号楼有 5 至 6 个楼层的房间空气中,氨气浓度高出国家环保部门出具的参考标准。室内环境专家曾对其中一户进行空气质量检测,经检测,室内空气中氨最高含量超过国家规定的公共场所卫生标准 20 多倍。致使房间内氨气超标的原因,是建筑水泥中的防冻剂造成的。

二、心动过速综合症

症状:新买家具后家里气味难闻,使人难以接受,并引发身体疾病。

病例:2000 年 12 月底,李女士在某家具城花 3300 元订购了一套布艺沙发,沙发表面看起来没发现质量问题,但放在家里使用一段时间后,却发现沙发里散发出一股难闻的气味。已经退休在家的李女士不敢再长时间呆在家里,因为她一进房间就感到呼吸困难,喘气憋气,甚至晚上睡觉都会被憋醒。更让李女士感到糟心的是,几天下来李女士还添了个心跳过速的毛病,一分钟跳到 100 多下,可是奇怪的是,一到医院做检查,心跳就降到了 80 以下。请室内环境检测专家进行了一次空气质量检测,结果发现沙发的海绵上使用的胶粘剂中,苯的挥发量高达每立方米 20mg,超过了国家相关标准的 8.3 倍,这难怪李女士受不了。

三、类烟民综合症

症状:虽然不吸烟,也很少接触吸烟环境,但是经常感到嗓子不舒服,有异物感,呼吸不畅。

病例:1998 年陈先生请装饰公司进行装修。工程竣工入住后,陈先生感觉室内气味刺鼻,致人咽痛咳嗽、辣眼流泪,无法居住。而且陈先生的喉疾因此加剧,经医院检查,查出竟是"喉乳头状瘤",并在协和医院进行了了手术。他请室内环境检测单位对其住所进行检测,在按规定房间封闭 24 小时后,室内环境检测专家都是流着眼泪(因为房间有害气体造成的)进行了室内空气检测,结果发现卧室中甲醛的含量高达每立方米 1.56mg,超过了国家标准19.5 倍。

四、幼童综合症

症状:家里小孩常咳嗽、打喷嚏、免疫力下降,新装修的房子孩子不愿意回家。

病例:家住北京良乡的吴女士 2000 年 5 月装修完以后,当时房间里气味很大,但是由于马上要把旧房交给别人,所以装修以后马上就入住了。结果从 9 月开始,吴女士 3 岁的儿子开始患病,开始是咽炎、慢性哮喘,逐渐免疫力下降,身体抵抗力减弱,一个冬天也没上几天幼儿园。原来身体胖胖的孩子,半年下来,小了一圈,到医院多次检查也查不出原因。近一段时间,吴女士看到有关室内环境造成儿童伤害的报道,感到孩子的身体与家中的室内环境有关,急忙请专家进行检测。经过进行现场采样和实验室分析,发现吴女士的房间在装修 10 个月以后,室内每立方米空气中甲醛还达到了 0.36mg,超过国家标准 4 倍多!

五、群发性皮肤病综合症

症状:家人常有皮肤过敏等毛病,而且是群发性的。

病例:家住北京的陈女士,装修时十分注意室内环境,房间里基本没有污染,没想到最后花 3000 多元订购的整体厨房却出了问题,强烈的刺激气味使得女主人不敢在厨房做饭,因为呆的时间稍微长一点,脖子和脸就会有过敏反应、肿胀、奇痒,女主人的老母亲也有同样的反应。

六、家庭群发疾病综合症

症状:家人共有一种疾病,而且离开这个环境后,症状就有明显变化和好转。

病例:1997 年消费者刘先生以 182 万元的价格购买了北京市某房地产公司公寓的一套 180m² 的房间作为住宅,入住后不久发现室内空气严重污染,刘先生全家人均感到身体不适,刘先生原有过敏性鼻炎,入住后更加严重,他儿子经医院诊断为咽炎。后请室内环境检测部门进行室内空气质量检测,结果发现室内空气中氨和甲醛严重超标,氨气最高超过国家居民区大气标准 14.2 倍,平均超标 9.36 倍;甲醛最高超过国家标准 1.5 倍,平均超标 1.05 倍。

七、不孕综合症

症状:新婚夫妇长时间不怀孕,查不出原因。

病例:2000 年 5 月 10 日下午,家住北京的一位住户愤怒地砸掉了自己家里的杜鹃绿花岗岩。这是因为小伙子在中国地质大学放射性检测专家的帮助下,终于找到了妻子不孕的原因:杀死自己精子的凶手竟是两年前装修住房的花岗岩。原来该青年结婚后妻子一直不孕,最后经医院检查是他的责任,说他的精子成活率极低,大夫说可能是因为受到过量放射性辐射照射。在他一室一厅的套房里,厅和厕所装的都是叫做杜鹃绿的花岗石,经过对石材的现场检测,杜鹃绿石材远远超过国家规定的居室内石材使用标准,并且放射性元素含量非常不均匀,个别点的放射性水平相当高,有的测点为 C 类,有的测点在 C 类以上,在建筑物的外墙面都不能用,长期在这么高的放射性辐射环境中生活,当然会对身体造成伤害。

八、胎儿畸形综合症

症状:孕妇在正常怀孕情况下发现胎儿畸形。

病例:北京朝阳区某医院的医生为外地来京打工的孕妇李某引产下一个畸形女婴。这个刚刚 5 个月的胎儿没有胃,更奇特的是她的嘴巴尖尖地向外伸出,竟高过鼻子,下腭处还有个小洞。前几天,李某来医院做 B 超检查,医生发现胎儿畸形,便建议进行引产,结果证明医生的诊断是正确的。据孕妇本人讲,她曾生过小孩,并没有异常,本人身体也很正常,只是她的丈夫是一名常年从事室内装修的油漆工,她本人打工的地方也刚装修过,因此妇幼保健院医生推测孕妇很可能是在怀孕期间接触了对人体有毒有害的物质,才发生了胎儿畸形。

九、植物枯萎综合症

症状:新搬家或者新装修后,室内植物不易成活,叶子容易发黄、枯萎,特别是一些生命力最强的植物也难以正常生长。

病例:2001年1月的一个周一早晨,在北京宣武门的某高档写字楼里办公的一家公司的员工们兴冲冲地走进新装修的办公室,可是,一打开办公室的门,大家被眼前的景象惊呆了,只见300多平方米的办公室里,周末下班时还枝繁叶茂的各种花木叶子全部枯萎,就连员工们自己案头的插花也不例外……另外,很多员工都感到室内气味异常,一些员工甚至出现了呼吸刺激、气短胸闷和头晕脑胀等症状,后经对该公司的办公室室内空气进行检测,室内空气5个项目中,有3个项目不符合国家有关标准,其中甲醛超过国家标准8倍!

十、宠物死亡综合症

症状:新搬家后,家养的宠物猫、狗甚至热带鱼莫名其妙地死掉,而且邻居家也是这样。

病例:某地的一座新建的高层住宅楼里发生了一件怪事,居民们乔迁新居后没几天,家家饲养的宠物小猫和小狗都莫名其妙地死掉了,多方查找却找不到原因,后来请室内环境检测的专家进行了现场检测,结果发现室内氡含量特别高,主要来自当地建筑用的矿渣砖。

北京一家居民新装修后,房间气味刺鼻,不仅养了多年的花草一棵棵的枯黄,就连家里养了多年的热带鱼也一条条地死掉了,经过室内环境检测专家的检测,室内空气中有害气体严重超标。

对于室内空气的污染,宠物有时比人更加敏感。尤其对于无色无味、带有放射性的氡。这种气体比空气沉,因此经常聚集在房屋地面上。宠物比人要低很多,因此最容易成为氡污染的受害者。

以上10个症状都是室内环境受到污染的具体表现。当您或您家里的人出现以上一种或几种症状时,您必须马上请室内环境检测专家对您家进行检测,这样就可以了解室内空气中有害气体的超标程度,以便采取相应的治理措施。

另外,据媒体介绍,正在修订中的上海市住宅装饰装修验收标准中首次将室内空气质量列入新的验收内容。这就意味着,在上海市,今后凡是装修完工的房子,都要先对室内环境的空气质量指数进行测量。因此,在有条件的情况下,即使未出现上述污染现象,凡7年内建设或装修的房屋,您都应该对其进行室内环境检测。

5.3.2 室内污染物的检测技术

由于室内检测在我国刚刚起步,国家对室内环境检测的管理还不够完善,因此,在您决定进行室内检测时,为了保证室内检测的结果准确无误,一定要对进行检测的单位进行详细的了解。

一般来说,合格的检测单位应具备国家质监总局颁发的"CMA国家级放射性分析检测资格证书"或是被国家环保总局列入"室内环境检测机构资质试点工作"的机构,而且所使用的检测仪器的也必须有国家质监总局的认证;其次是检测人员也应具备专业技术证明,而且在进行检测时应主动向用户出示这些证明。另外,检测人员在检测时,应按规定的顺序和方法进行,不得偷工减料。

以下就对室内环境检测的过程和方法作简单的介绍。

一、室内污染物的采样

采集室内空气的气体样品是测定室内空气中污染物的第一步,它直接关系到测定结果的可靠性。经验证明,如果采样方法不正确,即使分析方法再精确,操作者再细心,也不会得出精确的测定结果。

根据气体污染物的存在状态、浓度、物理化学性质及监测方法的不同,要求选用不同的采样方法和仪器。

(1)采样方法

室内污染物的采样方法可以分为直接采样法和富集(浓缩)采样法两大类。

当室内空气中被测组分的浓度较高,或者检测方法的灵敏度高时,从空气中直接采集少量气体样品即可满足检测分析的要求,这种方法就称作直接采样法。由直接采样法测得的结果是瞬时浓度或短时间内的平均浓度,能较快地测出结果。直接采样法常用的仪器有注射器、塑料袋、真空瓶(管)等。

由于室内空气中污染物质的浓度一般都比较低(ppm～ppb数量级),因此直接采样法往往不能满足分析方法检测限的要求,所以需要用富集采样法对室内空气中的污染物进行浓缩。富集采样法所需的采样时间一般比较长,测得的结果代表采样时段的平均浓度,更能反映室内空气污染的真实情况。富集采样法有溶液吸收法、固体阻留法、低温冷凝法及自然沉降法等几种。

(2) 抽检数量

验收时,应抽检有代表性的房间的室内环境污染物浓度,抽检数量不得少于5%,并不得少于三间;当房间总数少于三间时,应全部检测。

凡进行了样板间室内环境污染物浓度检测且检测结果合格的,抽检数量可以减半,但仍不得少于三间。

第一次验收不合格,经采取措施处理后需进行第二次验收时,抽检的数量应增加一倍。

(3) 采样点的设置

室内环境检测的采样点的数量根据室内面积大小和现场情况而确定,以期能正确反映室内空气污染物的水平。一般 $50m^2$ 以下的房间设1至3个点,50至 $100m^2$ 的房间设3至5个点,$100m^2$ 以上的房间至少设5个点。

当房间内有2个及以上检测点时,应取各点检测结果的平均值作为该房间的检测值。

采样点应按对角线或梅花式均匀分布,且避开通风道和通风口,并且与内墙面的距离应大于0.5m。另外,采样点的高度原则上应与人的呼吸带高度相一致,即相对高度为0.8m至1.5m左右。

(4) 采样时间和频率

评价室内空气质量对人体健康影响时,应在人们正常活动情况下采样,至少监测一天,一天两次(早晨和傍晚各一次),早晨采样时不能开门窗。另外,每次平行采样的样品的相对误差不能超过20%。

如果只对建筑物的室内空气质量进行评估,则应选择在无人活动情况下采样,至少监测一天,每日早晨和傍晚各采样一次,都不开门窗。同样,每次平行采样的样品的相对误差不能超过20%。

检测游离甲醛、苯、氨和总挥发性有机物浓度时,对采用集中空调的装修工程,应在空调正常运转的条件下进行;对采用自然通风的装修工程,检测应在房间的对外门窗关闭 1 小时以后进行。对于室内氡浓度检测,则应在对外的门窗关闭 24 小时以后进行。

二、室内污染物的测定方法

在室内空气污染的测定中,目前应用得最多的方法是分光光度法和气相色谱法。

(1)分光光度法

分光光度法又称为比色法,它先把显色试剂加入到被测的试样中,使试样发生显色反应,产生颜色的深浅与被分析物的离子浓度成正比,再用分光光度计显示颜色深浅的程度。

分光光度计由光源、分光、分度三个主要部分组成。

根据吸收光谱波段的不同,可分为可见光分光光度法、紫外线分光光度法和红外线分光光度法。

(2)气相色谱法

气相色谱法是将氢或氩等气体作为载气(称移动相),将混合物样品注入装有填充剂(称固定相)的色谱柱里进行分离的一种方法。分离后的各组分经检测器变为电信号并用记录仪记录下来。

与其他分析方法相比,气相色谱法的优点是:应用范围广,能分析气体、固体和液体;灵敏度高,可测定痕量物质($10^{-10} \sim 10^{-13}$克),可进行 ppm 级的定量分析,进样量可在 1mg 以下;分析速度快,仅用几分钟至几十分钟就可以完成一次分析,操作简单;选择性高,可分离性能相近物质和多组分混合物。

5.3.3 室内常见污染物的检测

一般对室内环境的检测项目包括甲醛浓度测定、氡浓度测定、苯测定、细菌总数测定、可吸入颗粒物浓度测定等。

一、室内空气中甲醛的检测

目前,室内空气中甲醛浓度的测量一般采用以下几种方法:气相色谱分析法、酚试剂比色法、乙酰丙酮分光光度法、定电位电解法和气体检测管法。

(1) 气相色谱分析法

即用采样器在室内采取空气试样若干分,然后,进行气相色谱分析,根据给出的曲线,再对照事先标定过的标准图谱,推算出被测空气中的甲醛浓度。

(2) 酚试剂比色法

甲醛与酚试剂发生反应生成嗪,在高铁离子存在下,嗪与酚试剂的氧化产物反应生成蓝绿色化合物,根据颜色深浅,用分光光度法测定。

(3) 乙酰丙酮分光光度法

用取样器在一定时间内连续抽取室内的空气,并使空气通入气洗瓶的蒸馏水中,由于甲醛特别易溶于水,故空气通过蒸馏水时其中的甲醛就被转移至水中了。然后,用光度分析法确定吸收液的消光值,再对照标定曲线求出空气中的甲醛浓度。

(4) 定电位电解法

含甲醛的空气扩散流经传感器,进入电解槽,被电解液吸收,在恒电位工作电极上发生氧化反应并生成相对应的扩散电流。通过测量电极间的电流强度就可以测定样品中甲醛的浓度。

室内空气中甲醛浓度的测试应当注意以下几点:

(1) 测点位置要分布均匀合理,注意接近甲醛散发源中心和室内空气不流动死角处的甲醛散发特征;

(2) 空气取样要有一定的重复数,以其平均值作为测试结果的代表值；

（3）要区分动态测量（即室内空气流通）和静态测量（即室内空气不流通）两种情况。

二、挥发性有机物（VOCs）的检测

到目前为止，室内空气中检测出的VOCs已达到300多种，且它们各自的浓度都不高，因此，对VOCs一般不分开单个测量，通常只检测其总量（TVOC）。

由于对室内TVOC的检测刚刚起步，因此目前采用的检测方法一般比较繁琐，但随着科学技术的不断发展，新技术、新仪器的不断涌现，TVOC的检测会更加简便。下面是目前在VOCs检测中常用的一些方法：

（1）吸收加化学分析法：作为国家标准方法，该方法具有不可辩驳的可信性和仲裁权威，但其操作繁琐，且测定结果速度较慢。

（2）气相色谱或质谱分析：气相色谱和质谱可以给出VOCs中各个组分的种类和浓度，结果可靠准确。其缺点为采样和检测过程复杂。同时，由于采用"点"的采样方法，一次只能给出一个点的瞬时值而不是一个连续值，这样，由于空气流动和气体分布的变化，就无法给出一个平均的浓度值，数据代表性较差，得到数据结果时间较长，测量成本较高。

三、氡污染的检测

氡是一种放射性气体，因此，对其进行检测的基本原理就是基于射线与物质间相互作用所产生的各种效应，包括电离、发光、热效应、化学效应和能产生次级粒子的核反应等。

（一）氡污染的检测方法

具体的氡污染的检测方法有径迹饰刻法、活性炭盒法、双滤膜法和气球法等。

（1）径迹饰刻法

径迹饰刻法是被动采样法，能测量采样期间氡的累计浓度，暴露20天，其探测下限可达$2.1 \times 10^3 Bq \cdot h/m^3$。

当氡及其子体发射α离子轰击探测器时，会使其产生亚微观型损伤径迹,将此探测器在一定条件下进行化学或电化学腐蚀,扩大损伤径迹,以致能用显微镜或自动计数装置进行计数。单位面积上的径迹数与氡浓度和暴露时间的乘积成正比,用刻度系数可将径迹密度换算成氡浓度。

(2) 活性炭盒法

活性炭盒法属于被动采样,它可测量出采样期间内平均氡浓度,暴露 3 天,其探测下限为 $6Bq/m^3$。

当空气扩散进活性炭盒的炭床内,其中的氡就会被活性炭吸附,并同时发生衰变,新生的子体便沉积在活性炭内,此时,采用 γ 谱仪就可测量出活性炭盒的氡子体特征 γ 射线峰强度。最后,根据特征峰强度即可计算出氡的浓度。

(3) 双滤膜法

双滤膜法是主动采样,它能测量出采样瞬间的氡浓度,其探测下限为 $3.3Bq/m^3$。

抽气泵开动后含氡的空气经过滤膜进入衰变筒,被滤掉子体的纯氡在通过衰变筒过程中又会生成新的子体,新子体的一部分为出口滤膜所收集。通过测量出口滤膜上的 α 射线值就可换算出氡浓度。

(4) 气球法

气球法属于主动式采样,它能测量出采样瞬间空气中氡及其子体浓度,探测下限:氡 $2.2Bq/m^3$,子体 $5.7 \times 10^{-7}J/m^3$。

气球法的工作原理与双滤膜法相同,只是其采用气球代替了衰变筒。

(二) 氡的检测设备

最常用的检测器有三类,即电离型检测器、闪烁检测器和半导体检测器。

(1) 电离型检测器

电离型检测器是利用射线通过气体介质时,使气体发生电离的原理制成的探测器。它有电流电离室、正比计数管和盖革计数管(GM管)三种。

（2）闪烁检测器

闪烁检测器是利用射线与物质作用发生闪光的仪器。它具有一个受带电粒子作用后其内部原子或分子被激发而发射光子的闪烁体。当射线照在闪光体上时，便发射出荧光光子，并且利用光导和反光材料等将大部分光子收集在光电倍增管的光阴极上。光子在灵敏阴极上打出光电子，经过倍增放大后在阳极上产生电压脉冲，此脉冲再经电子线路放大和处理后记录下来。

（3）半导体检测器

半导体检测器的工作原理与电离型检测器相似，但其检测元件是固态半导体。当放射性粒子射入这种元件后，产生电子——空穴对，电子和空穴受外加电场的作用，分别向两极运动，并被电极所收集，从而产生脉冲电流，经放大后，由多道分析器或计数器记录。

（三）需优先检测的地方

实际经验表明，下列地方应优先进行检测：

（1）在含铀、镭量高的地层（如富铀花岗岩、矾页岩、磷酸盐地层）或地质断裂带上修建的房屋；

（2）在含镭量高的矿渣、煤渣或其他不符合建材放射性标准的材料修建或装修的房间；

（3）通风不良的场所，像采用中央空调换气的全封闭式写字楼、饭店、银行、图书馆等场所；

（4）用作宿舍、招待所、办公室等需要长时间停留的地下建筑物；

（5）已知或怀疑室内（伽马）辐射高的房间；

（6）天然放射性本底水平较高地区的房间；

（7）长期使用地热水或地下水的房间。

四、苯的检测

（一）气相色谱法

对苯的测量一般采用毛细管气相色谱法。其原理为：采用活性炭管先对空气中的苯进行采集，然后用二硫化碳提取出来，最后用氢火焰离子化检测器的气相色谱仪进行分析。

当采样的量为 10L 时,苯浓度的测定范围为 $0.1 \sim 10mg/m^3$。

(二) 光离子化法

光离子化法采用光离子化检测器进行检测。光离子化检测器以无极放电灯作为光源,这种高能紫外辐射可使空气中大多数有机物和部分无机物电离,但仍保持空气中的基本成分如 N_2、O_2、CO_2、H_2O 不被电离,被测物质的成分由色谱柱分离进入离子化室,经紫外无极放电灯照射电离,然后测量离子电流的大小,就可知道物质的含量。

五、可吸入颗粒物的测量

常用的可吸入颗粒物的检测方法有两种。一是大量采集空气样本后称重计量法。该方法由于采样时间长,仪器噪声大,在公共场所具体测定困难较多,不便普遍推广。另一种方法是使用粒子计数器,以粒子数多少来评价空气卫生质量的高低。当每立方厘米中的粒子数少于 100 个时为清洁空气,每立方厘米中的粒子数多于 500 个时为污染空气。

六、细菌总数的检测

室内空气中细菌总数的检测采用撞击法进行。撞击法是采用撞击式空气微生物采样器采样,通过抽气的动力作用,空气通过狭缝或小孔后产生高速气流,这就使得悬浮在空气中的带菌粒子撞击到营养琼脂平板上。在 37℃ 的温度下,对营养琼脂进行 48h 的培养,再根据采样器的流量和采样时间,即可计算出室内每立方米空气中所含的细菌菌落总数。

以上就是室内空气中常见污染物的检测方法。室内空气中其他污染物的检测见表 5-9。

室内空气中各种化学污染物的检测方法　　　　　表 5-9

	污染物	检测方法
1	二氧化硫	甲醛溶液吸收——盐酸副玫瑰苯胺分光光度法;紫外荧光法
2	二氧化碳	改进的 Saltzaman 法;化学发光法

	污染物	检测方法
3	一氧化碳	不分光红外线气体分析法;气相色谱法;汞置换法
4	二氧化碳	不分光红外线气体分析法;气相色谱法;容量滴定法
5	氨	靛酚蓝分光光度法;纳氏试剂分光光度法;检测管法
6	臭氧	紫外光度法;靛蓝二磺酸钠分光光度法;化学发光法
7	甲醛	AHMT 分光光度法;酚试剂分光光度法;气相色谱法
8	苯	气相色谱法;光离子化法
9	苯并[a]芘	高压液相色谱法
10	可吸入颗粒物	撞击式——称重法
11	氮氧化物	盐酸萘乙二胺法

第6章 室内污染物的治理

室内环境污染对人体健康的危害极大,因此,一旦在室内发现了空气质量问题或其潜在趋势就应采取各种治理措施。

治理措施的选取主要是看污染或污染物的性质,扩散源的强度(是连续性的还是间歇性的),所需的控制程度,当然还有成本等方面的考虑。从技术的观点上来看,最好的治理方法是致力于减少污染物的释放而不是等污染物进入室内空气后再进行排除。

6.1 室内污染的治理技术

用于室内污染的治理技术,按其作用原理可以分为物理、化学和生物等几大类,具体如下:

物理法:活性炭、硅胶和分子筛的吸附、通风换气。

化学法:氧化、还原、中和、离子交换、光催化。

生物法:杀菌、生物氧化。

下面分别对几种常用的治理方法进行介绍。

6.1.1 炭吸附法

对于低浓度的 $VOCs, CO_2, SOx$ 和 NOx,吸附技术是一种比较有效且简便易行的方法。

炭吸附法是目前最广泛使用的 VOCs 回收法。商业化的吸附剂有粒状活性炭和活性炭纤维两种,它们的吸附原理和工艺流程完全相同。其他的吸附剂,如沸石、分子筛等,也已在工业上得到应用,但因费用较高而限制了它们的广泛使用。

由于吸附剂所具有的较大的比表面对空气中所含有的 VOCs 发生吸附,因此该吸附多为物理吸附,其过程可逆。当吸附达到饱和后,采用水蒸气进行脱吸,可以使活性炭再生,从而达到重复使用的目的。

粒状活性炭吸附法最适宜于处理 VOCs 浓度为 $300 \times 10^{-6} \sim 5000 \times 10^{-6}$ 的空气,主要用于吸附脂肪和芳香族碳氢化合物、大部分含氯溶剂、常用醇类、部分酮类和酯类等,常见的有苯、甲苯、己烷、庚烷、甲基乙基酮、丙酮、四氯化碳、萘、醋酸乙酯等。

活性炭纤维吸附法可用于吸附苯乙烯和丙烯腈等,其费用较粒状活性炭吸附法高得多。

6.1.2 膜分离法

膜分离法是一种新的高效分离方法。

膜分离装置的中心部分为膜元件,其常用的膜元件有平板膜、中空纤维膜和卷式膜,另外,它们又可分为气体分离膜和液体分离膜。在室内环境的治理中,主要使用的是气体分离膜。

由于有机蒸汽与空气通过分离膜的能力不一样,因此当它们通过特制的气体分离膜时,就可以将它们分开。

膜分离法在气体流量和浓度方面的适应范围较宽,这就很好地弥补了炭吸附法的不足,为室内污染物的治理提供了一种切实有效的方法。

膜分离法已成功地应用于许多领域,一些采用其他方法难以回收的有机物,采用膜分离法可以有效地解决。

由于膜分离法的流程简单、回收率高、能耗低、无二次污染,因此其大有发展前途。

6.1.3 光催化氧化法

光催化氧化法是近年来日益发展的治理污染的最新技术,对室内有害气体,尤其是一些较难以控制的有机气体,能有效地进行光催化反应,使其生成无机小分子物质(如水、二氧化碳),从而消除其对室内环境的污染。

光催化净化室内空气技术是一个较新的技术领域。它是指在光的照射下(如 365nm 的紫外线),在催化剂的表面将一些有害的有机物氧化为二氧化碳和水。光催化净化的有效性已经为许多实验所证实。

常用的光催化剂有 TiO_2 光催化剂,它利用光中的紫外线,可以将室内空气中的有害气体及一些异味气体进行不可逆的彻底分解,其最终产物为无臭、无害的无机物(一些反应产物甚至为水和二氧化碳)。另外,光催化剂在工作的同时,还可以对室内空气中的细菌和病毒进行杀灭。

6.1.4 低温等离子体法

低温等离子体技术是 20 世纪 60 年代兴起的一门交叉科学。近年来有关低温等离子体在环境领域的应用研究日益增多,它是集物理学、化学、生物学和环境科学于一体的全新技术,有可能作为一种高效率,低能耗的手段来处理环境中的有毒物质及难降解物质。

目前对低温等离子体的作用机理研究认为是粒子非弹性碰撞的结果。低温等离子体内部富含电子、离子、自由基和激发态分子,其中高能电子与气体分子(原子)发生非弹性碰撞,将能量转变成基态分子(原子)的内能,发生激发、离解和电离等一系列过程,使气体处于活化状态,这就可以使得一些有毒物质和难降解物质发生反应,转变为一些单原子分子和固体颗粒,从而达到了净化环境的目的。

由于对室内空气中污染物的治理一般要求在常压下进行,而能在常压下产生低温等离子体的只有电晕放电和介质阻挡放电两种形式。这两种方法各有其特点。

与其他污染治理方法相比,低温等离子体法具有高效、低能耗的特点,因此其在室内空气污染的治理中将具有美好的前途。

6.2 室内各种污染物的治理

6.2.1 甲醛污染的治理

一、室内空气中的甲醛浓度

室内空气中甲醛的污染各国之间差异很大,常见范围最小为 $10\mu g/m^3$,最大为 $400000\mu g/m^3$。

在 20 世纪 80 年代,国内外都对室内环境中甲醛的浓度曾经进行了大量的调查和研究,结果发现无论是在国内还是在国外,任何室内环境中都存在着一定的甲醛污染。其具体污染状况可见表6-1。

各国室内甲醛浓度均值 表 6-1

地 区	测定时间(年)	样品数	室内甲醛均值($\mu g/m^3$)
加拿大	1981	378	42
芬兰	1985	432	200
法国	1987	984	48
意大利	1985	15	29
日本	1983	不详	77
瑞典	1984	8	240
荷兰	1981	15	270
美国	1983	40	76
捷克	1983	24	1083
中国	1986	54	38

甲醛在室内的浓度变化,主要与污染源的释放量和释放规律有关,也与使用期限等有关。据调查,使用脲醛泡沫树脂隔热材料的室内的甲醛质量浓度一般可达 $3.35mg/m^3$,有时可达 $13.4mg/m^3$。我国大宾馆装修后,甲醛质量浓度峰值可达 $0.85mg/m^3$,使用一段时间后可降至 $0.08mg/m^3$ 以下。在一般的住宅中,新装修

后的甲醛峰值平均约 $0.2mg/m^3$ 左右,一段时间后浓度会降至 $0.04mg/m^3$ 以下。

二、我国居室中的甲醛污染现状

与国外相比,我国居民更加喜爱家庭装修,另由于我国有关室内装修的法规还不健全,使得市场上存在着许多伪劣产品,更加上普通群众对室内装修带来的污染了解不够,因此,我国居室中甲醛的污染特别严重。据有关部门调查显示,我国很多的居室中的甲醛浓度严重超标。下面是一组具体的调查数据:

(1)据南京某部门调查,自该部门成立两个月以来,共对南京近 30 套居民新装修房进行了监测,发现几乎没有一家室内环境达标,其中最严重问题的就是甲醛浓度过高。城东某小区一户居民住宅因装修后长时间没人居住和开窗通风,甲醛超标竟然高达 40 多倍。

(2)中国消费者协会最近公布的一项调查结果也显示,在北京和杭州分别对居室内空气抽样检测后,发现两地居室中甲醛浓度超标的分别达到 73.3% 和 79.1%,其中,甲醛浓度最高的超标十多倍。

(3)北京市卫生局对北京部分住宅区和写字楼的抽检发现,新装修后居室的甲醛含量普遍超标,最高者竟超标 73 倍!

(4)合肥市卫生部门也对该市 15 个监测点的办公室和居室的空气进行了监测,结果表明:甲醛全部超标,最高达到 85 倍。

以上调查显示,我国室内环境中甲醛的污染状况非常严重,因此,做好居室中的甲醛污染的控制和治理工作,是改善室内环境,保障人民身体健康的关键。

三、甲醛污染的治理

通过检测后,如发现室内甲醛的浓度超标,可以采用以下的方法来治理,以保护人类的健康:

(1)对甲醛含量高的装修部分重新处理,可用甲醛封闭剂对未经油漆处理的家具内壁板和人造板进行表面封闭处理;或让人造板表面装饰的油漆涂料充分固化,形成抑制甲醛散发的稳定层。

(2) 在选购家具时,应选择刺激性气味较小的产品,因为刺激性气味越大,说明甲醛释放量越高。同时,要注意查看家具用的刨花板是否全部封边。有条件的家庭,可将新买的家具空置一段时间再用。如果发现室内甲醛的污染主要是家具造成的,一定要坚决更换。

(3) 保持室内空气流通。这是清除室内甲醛行之有效的办法,可选用有效的空气换气装置,以较大的通风量形成室内空气负压状态;或者在室外空气好的时候打开窗户通风。这样有利于室内材料中甲醛的散发和排出。

(4) 装修后的居室不宜立即搬入,而应当有一定的时间让装修材料中的甲醛散发。一般的,在加强通风换气的基础上,新房空置 2~6 个月后使用比较安全。

(5) 合理控制调节室内温度和相对湿度,甲醛这种物质是一种缓慢挥发性物质,随着温度的升高,挥发得会更快一些。因此,在刚装修过的房间中,采取烘烤的办法,或在室内摆上几盆清水,可以加快装修材料中甲醛的挥发。

(6) 对于轻微的甲醛污染,可以采用种植花草的办法来治理,吊兰、芦荟、扶郎花和虎尾兰等对甲醛有一定的吸收作用。也可采用活性炭吸附或安装空气净化器的办法来处理。

(7) 大力推广新一代换气机产品,以加强居室通风换气;大力推广有甲醛处理能力的空气净化器,以提高室内空气品质,降低甲醛的危害。装有浸透高锰酸钾的活性氧化铝的空气净化器对甲醛有很好的净化作用。

6.2.2 苯污染的治理

一、室内苯污染现状

在我国室内环境污染中,苯污染也占有一定的比例。据天津市某部门的一项调查表明:天津市部分新建及新装修的幼儿园、写字楼和家庭居室中大约存在着 14.6% 的苯系物(甲苯、二甲苯)超标。

二、苯污染的治理

与甲醛污染的治理相同,在室内检测出苯及苯化合物的系列超标后,应马上采取措施进行治理。主要有以下方法:

(1)加强通风:选用有效的空气换气装置,以较大的通风量形成室内空气负压状态,或在室外空气好的时候开窗通风,这样就可以尽快把室内空气中的苯排出。

(2)对轻度苯污染的房间,可以采用种植花草的办法来治理。一些花草如常春藤、铁树和菊花等可吸收少量的苯和二甲苯。

(3)安装带有苯吸附器的空气净化器:一些材料如光催化材料和稀土激活无机净化材料对苯及苯系列物有较强的吸收作用,采用带有此类材料的空气净化器可以较好的治理室内苯的污染。

6.2.3 放射性污染的治理

一、室内放射性污染的现状

室内放射性污染是一个全球普遍性的问题。其中,瑞典和美国的情况特别严重。

从 1982 年开始,法国核安全预防所先后对全国 1 万多个乡村、市镇进行了居室内氡含量测试。结果表明,法国有 0.5% 住房的氡含量超过每立方米 1000Bq,而国家规定的警戒值是每立方米 400Bq,此外,还有相当一部分居室的氡含量严重超标。

在我国,氡对室内造成的污染相当严重。据悉,1994 年以来我国的一些部门对全国的 14 座城市中 1524 个写字楼和居室进行了调查,在调查中发现:大约有 6.8% 的写字楼和居室中氡含量超标,其中,氡含量最高的达到了 596Bq,是国家规定的最低标准的 6倍。长期生活在这种室内环境中,必将对健康造成极大的伤害。

二、室内放射性污染的治理

经过检测,如果发现室内氡的浓度超过规定的容许浓度,则应采取相应的措施进行治理。具体有以下方法:

(1)加强通风:做好室内的通风换气,这是降低室内氡浓度的有效方法,据专家试验,一间氡浓度在 $151Bq/m^3$ 的房间,开窗通风 1h 后,室内氡浓度就降为 $48Bq/m^3$。另外,由于氡的相对密度较大,一般都聚集在底部,因此在通风的时候不能只开高处的窗子。

(2) 提高房屋地面和墙壁的密封程度:尽可能的封闭地面、墙体的缝隙,以降低氡的析出量,地下室和一楼以及室内氡含量比较高的房间更要注意,这种做法可以有效地减少氡的析出。

(3) 使用防氡涂料:在建筑材料表面刷上防氡涂料,能有效地阻挡氡的逸出,使室内空气中氡的浓度降低,起到防护作用。据介绍,经过检测,该种涂料的防氡效果可以达到降氡 80% 以上。

(4) 使地基中的氡直接排向室外:住在平房和楼房最底层的市民,可以在居室中间挖一个 $1m^3$ 的槽,四周砌透气砖,让从土壤中析出的氡气聚集到这个槽内,然后再用一个管子把氡气引向室外。槽的上面一定要铺地砖等建材加以密封。该法能有效地降低室内空气中氡气的浓度而且经济实用。

(5) 有条件的还可配备有效的室内空气净化器。氡和它的天然衰变物所释放出的伽马射线可以由活性炭吸附。

三、美国减少已有室内氡浓度的技术

美国减少已有室内氡浓度的技术主要分为两大类:阻止土壤中的气体进入生活区和将已进入生活区的氡排除。

(一) 阻止土壤中的气体进入生活区

(1) 主动土壤减压

该方法有三种:地板和排水砖下主动减压、封墙主动减压和薄层下主动减压。它们分别可以使室内氡浓度减少 80%~90%、90% 和 80%~90%。

(2) 主动土壤加压

该方法有两种:地板和排水砖下主动加压和封墙主动加压。它们的效率均可以达到 98%。

(3) 被动土壤减压

该方法只有一种:厚层下排水和封墙被动减压。其减氡的效率为 30%~70%。

（4）室内或（和）管道空间压力调节

该方法有四种：地下室加压、管道空间加压、管道空间减压和管道空间自然通风。它们的效率分别为 50% ～90%、70% ～96%、35% ～80% 和 20% ～80%。

（5）封锁氡进入途径

该方法有三种：封闭地板和墙在房内开口、封闭管道空间与居室地板、封闭管道空间暴露于土壤的屏障层。它们的效率分别为 0～50%、0～20% 和 0～30%。

（二）将已进入生活区的氡排除

（1）生活区通风

该方法分为两种：生活区自然通风和伴有热回收的强制通风。它们的效率分别为 30% ～90% 和 25% ～75%。

（2）空调

该方法分为两种：微粒排除装置和氡吸附装置。它们的效率分别为 25% ～90% 和 25% ～75%。

6.2.4 氨污染的防治

一、我国氨污染的现状

天津市卫生防病中心近日对天津市部分新建及新装修的幼儿园、写字楼和家庭居室等 180 余户 3 万 m^2 室内空气质量进行监测，不合格的室内空气氨的污染最为严重，超标率为 56.9%，平均值超过国家标准 36.5 倍，最高超过 62.8 倍。其次是甲醛的超标率为 27.8%，苯系物（甲苯、二甲苯）超标率为 14.6%。

二、室内氨污染的治理

当发现室内氨污染超标时，要积极采取措施，尽量减少氨污染带来的危害。具体有以下方法：

（1）了解室内氨污染的情况。由于氨气是从墙体中释放出来的，室内主体墙的面积会影响室内氨的含量，所以，不同结构的房间，室内空气中氨污染的程度也不同，居住者应该了解房间里的情况，根据房间污染情况合理安排使用功能。如污染严重的房间尽量不要用做卧室,或者尽量不要让儿童、病人和老人居住。

(2)条件允许时,可多开窗通风,以尽量减少室内空气的污染程度。在装有空调的房间内可安装新风换气机,它可以在不影响室内温度和不受室外天气影响的情况下,进行空气的室内外交换。

(3)一些室内空气净化器对氨气有一定的吸附效果,有条件的话,可以购买,但应注意一定要进行实地检验,并选用确有效果的品牌,也可以向室内环境专家咨询。

6.2.5 生物体污染的治理

一、尘螨污染的治理

家庭中如果出现尘螨,应及时加以治理,具体有以下措施:

(1)居室中最好不要铺地毯。有地毯的居室应经常吸尘,并定期进行清洗,在阳光下暴晒。

(2)居室也应经常清洁除尘,被褥、枕心、坐垫、床垫要勤洗、勤晒太阳。

(3)空调居室应经常打开窗户。保持室内通风、透光、干燥,避免尘螨的大量繁殖。

(4)管理好家养动物。家养宠物,例如,猫和狗等要常洗澡。消灭鼠类,搞好环境卫生,重点场所可使用杀虫药物。

(5)喷洒杀虫剂。现在化学杀虫剂较多,最好是选择使用一些低毒的植物杀虫剂,如鱼藤氰类药物。化学杀虫剂对过敏体质者有可能诱发变态反应性疾病,最好不要在居室内长期使用。

总之,由于尘螨蛹在其不良的气候条件下极容易死亡,因此只要加强室内通风,养成勤开门窗的习惯,经常对尘螨容易孳生的地方进行清扫,即可控制尘螨带来的污染。

二、细菌和病毒污染的治理

细菌和病毒的生长都离不开三个条件:适宜的湿度、适宜的温度和适宜的营养物质载体。由此我们可以采用以下措施对室内环境中细菌和病毒的污染进行治理。

(1)加强日照:日光是一种天然杀菌因素,其杀菌作用是通过日光中的紫外线实现的。衣服、被褥、书报等放在日光下暴晒2小时以上,可以杀灭其中的大部分细菌。

(2) 经常通风:细菌和病毒受温度和湿度的影响比较大,经常开窗进行通风,可以破坏细菌和病毒的生存环境,尤其是一些装有空调的房间,经常处于封闭的状态,其中的温度和湿度非常适宜于细菌和病毒的生长。

(3) 紫外线杀菌:紫外线波长在200~300nm时有杀菌作用,其中265~266nm波长的紫外线杀菌能力最强。紫外线杀菌灯是将汞置于石英玻璃灯管中,通电后汞化为气体,放出杀菌波长紫外线。一般来说,在室内装一支30W的紫外线灯管,照射30min后即可杀死空气中的细菌和病毒。

(4) 家中饲养宠物猫、狗等,容易造成细菌、病毒等生物污染。因此,需经常对家中饲养的猫和狗进行消毒。

(5) 对于曾经住过人的房间,在搬进之前应进行一次彻底消毒。因为房内的墙壁、顶棚、地面等可能沾有多种病菌和病毒,这些病菌和病毒有的能存活多年。如果墙面已做装饰又想保留,可用3%来苏水溶液,或用1%~3%的漂白粉澄清液,或用3%的过氧乙酸溶液喷洒。地面喷洒要均匀,墙壁的喷洒高度应在2m以上,喷洒后需关闭门窗1h以上。

三、军团杆菌污染的治理

由于军团杆菌污染主要是由中央空调引起的,因此对军团杆菌污染的治理主要是采取对中央空调进行清洁的方法。即定期地对中央空调系统的管道、风口、滤网、风机盘管、冷却塔、加湿器的水槽等容易生长军团杆菌的地方进行检查、清洗和消毒。

6.2.6 可吸入颗粒物污染的治理

一、一般可吸入颗粒物污染的治理

空气中挟带的固体或液体的颗粒称为悬浮颗粒或气挟物。由于其粒径不同,大者可在短时间内沉降,小者可较长时间停留在空气中。其中,中值直径小于 $10\mu m$ 者称为可吸入颗粒物。由于可吸入颗粒物可被吸入人体并停留在呼吸道中,故其对人体的健康影响较大。

对于颗粒污染物,一、二次扬尘和室内湿度过大是其产生的主要原因。目前人们主要采用避免扬尘、增强过滤、控制湿度等方式以及控制产生源等手段来避免这方面的污染。

因此,要特别注意生活炉尘和吸烟的污染,夏季通风要注意有纱窗。室内风速不要过大,保持一定的湿度,搞室内卫生时不要扬尘,不要在居室内吸烟。

二、石棉污染的治理

到目前为止,由于石棉引起的疾病尚没有找到良好可治的药物,因此,惟一的方法就是预防,尽可能不要接触石棉制品,或接触时,采取有效的保护措施。

用于内外墙装饰和室内吊顶的石棉纤维水泥制品,所含的微细石棉纤维(长度大于 $3\mu m$,直径小于 $1\mu m$),若被人吸入后轻者可能引起难以治愈的石棉肺病,重者会引起各种癌症,给患者带来极大的痛苦。为此,一些国家(如德国、法国、瑞典、新加坡等)已禁止生产和使用一切石棉制品。美国和加拿大已停止在国内生产石棉水泥制品,一些国家开展石棉的代用纤维、生产无石棉水泥制品,并已取得成功。我国也已有一些企业开始生产无石棉水泥板材。因此,在装饰装修房子时,在条件允许的情况下,选用无石棉水泥制品为佳。

最新制定的《室内空气质量卫生规范》规定:室内建筑和装修材料中不得含有石棉。也即在室内不准使用任何含石棉的建筑材料。

三、重金属污染的治理

室内的重金属污染主要是由涂料带来的,因此最佳的治理方法是不要采用含重金属量高的涂料,推荐使用绿色环保标志产品。另外,在室内最好不要吸烟。如家中使用的燃料中含重金属的量较高,则应加强室内的通风,防止燃料中的铅污染室内空气。

6.2.7 其他污染的治理

一、燃烧产物(包括燃料燃烧和烟草燃烧)污染及烹调油烟污染的治理

在室内环境中,燃烧产物(包括燃料燃烧和烟草燃烧)污染及烹调油烟污染对人体健康的危害最大,因此,当室内环境中出现这些危害时,一定要加紧治理。

对燃烧产物(包括燃料燃烧和烟草燃烧)污染及烹调油烟污染的治理可以采用减少污染物的排放、加强通风和对空气进行净化等几种方法来进行。其中,与室内装修相关的是加强通风和对空气进行净化两项。具体有以下措施:

(1)安装换气扇

换气扇属于轴流风机的一种型式,它是目前住房中通风换气的主要设备之一。根据换气扇的外形,它可以分为百叶窗式换气扇和开敞式换气扇两类。

百叶窗式换气扇的外侧(向着户外的一侧)装有可张合的百叶窗栅,换气扇工作时,百叶窗栅自动张开,不工作时自动关闭,以防止室外冷空气和风沙等进入室内。

开敞式换气扇具有结构简单、风量大、噪声低和耗电少等优点。但由于它不设百叶窗栅,因此防止风沙能力差,在北方寒冷地区不宜采用这种类型的换气扇。

(2)安装抽油烟机

抽油烟机是一种安装在厨房灶具上方的排油烟设备。它采用局部通风的方式,可将燃料燃烧释放的有害物和烹调油烟在基本没有扩散的情况下,以比较集中、快速的方式排至室外。

与换气扇排油烟方式相比,抽油烟机具有高效、快速、便于管理和维修等优点,因此被广泛用在厨房中。

(3)加强厨房与其他房间之间门窗的密封

燃料的燃烧产物和烹调油烟对人体的危害极大。由于住宅内其他房间的密封性一般较好,当厨房内产生的这些污染物逸入这

些房间时,可能很久都不会散尽,给人造成极大的危害。为了杜绝这种危害,可以采用加强厨房与其他房间之间门窗密封的办法,将厨房污染物控制在厨房内,然后通过排风设施将它们排出室外。

(4) 加强燃气热水器的通风

由于浴室经常处于封闭状态,燃气热水器安装在浴室内有很大危害:燃气热水器使用时会放出大量的二氧化碳和一氧化碳;另外,燃气热水器使用时还需要大量的氧气,它将耗尽浴室内的氧气。因此,不能将燃气热水器安装在浴室内。

加强对燃气热水器的通风,将燃气热水器安装在通风良好的地方,以保证燃气热水器产生的废气及时排出室外。

(5) 在吸烟处设置局部排气设备

烟草的燃烧产物对人体健康的危害极大,首先应禁止在室内吸烟。如不能禁止吸烟,可规定固定地方为吸烟处,并在该处设置局部排气设备,及时将烟雾排出室外。

(6) 安装空气净化装置

一些空气净化器可以对室内空气进行净化,它们利用一些特殊材料对烟雾进行吸收,可以有效地改善室内环境。

二、臭氧污染的治理

北京市有关部门曾经在全市抽查了6座新建的高档写字楼,对室内空气质量进行了一次检测。检测结果令人震惊,很多空气指标超标,其中,臭氧的超标率达到了50%。因此,我们绝不能对臭氧的污染掉以轻心。

臭氧污染一般发生在写字楼。写字楼中存在着许多臭氧发生源,如复印机、负离子发生器、激光印刷机、电影放映灯等。其中,复印机是最常见的污染源,它最易导致臭氧浓度的增高,如果由于工作的需要,室中有复印机,则一定要把复印机放在通风良好的地方,并且千万不要将多台复印机集中放在狭小空间内,以防止臭氧对人体造成伤害。

住宅中常见的臭氧污染源是负离子发生器、空气净化器和电子消毒柜,因此,对这些电器设备的使用一定要注意,不要将它们集中摆放在通风效果不佳的地方。

三、电磁波污染的治理

控制电磁波污染也同控制其他类型的污染一样,必须采取综合防治的办法,才能取得更好的效果。首先,要堵源,尽量选用产生电磁波较少的家用电器;其次是截留,科学地使用家用电器;最后,如果有条件的话,可以采用一定的防护技术。

下面是几种由专家总结的对住户行之有效的防护电磁波污染的措施:

(1)室内办公设备和家用电器要合理摆放,不要把家用电器摆放得过于集中,以免使自己暴露在超剂量辐射的危险之中。特别是一些易产生电磁波的家用电器,如电视机、电脑、冰箱等电器更不宜集中摆放在卧室里。

(2)对办公设备和家用电器的使用时间也要注意控制,各种家用电器、办公设备、移动电话等都应避免长时间操作,同时尽量避免多种办公和家用电器同时启用。

(3)手机接通瞬间释放的电磁辐射最大,在使用时应尽量使头部与手机天线的距离远一些,最好使用分离耳机和话筒接听电话。

(4)人体与家用电器应保持一定的安全距离。与家用电器越远,受电磁波的侵害就越小。如彩电与人的距离应在 4 至 5m,日光灯与人的距离应在 2 至 3m,微波炉在开启之后要离开至少 1 米远,孕妇和小孩更应尽量远离微波炉。

附　录

附录1　中国有关国家标准

1　房内氡浓度检测标准（GB/T 16416—95）

2　居室空气中甲醛卫生标准（GB/T 16127—95）

3　居室空气中二氧化硫卫生标准（GB/T 17909—97）

4　室内空气中氮氧化物卫生标准（GB/T 17096—97）

5　室内空气中可吸入颗粒物卫生标准（GB/T 17095—97）

6　居室空气中二氧化碳卫生标准（GB/T 17904—97）

7　室内空气中细菌总数卫生标准（GB/T 17093—97）

8　城市区域噪声标准（GB 3096—93）

9　中华人民共和国环境噪声污染防治法

10　声学环境噪声测量方法（GB/T 3222—94）

11　城市区域环境噪声测量方法（GB/T 14623—93）

12　环境空气中氡的标准（GB/T 14582—93）

13　空气中氡浓度闪烁瓶测量法（GB/T 16147—95）

14　空气质量氨的测定（GB/T 14668—93）

15　空气质量苯乙烯的测定（GB/T 14670—93）

16　环境地表γ辐射剂量率测量规范（GB/T 14583—93）

17　居住区大气中甲醛卫生检验标准方法（GB/T 16129—95）

18　天然石材产品放射防护分类控制标准（JC 518—93）

19　室内装饰装修材料人造板及其制品中甲醛释放限量（GB 18580—2001）

20 室内装饰装修材料溶剂型木器涂料中有害物质限量（GB 18581—2001）

21 室内装饰装修材料内墙涂料中有害物质限量（GB 18582—2001）

22 室内装饰装修材料胶粘剂中有害物质限量（GB 18583—2001）

23 室内装饰装修材料壁纸中有害物质限量（GB 18585—2001）

24 室内装饰装修材料聚氯乙烯卷材地板中有害物质限量（GB 18586—2001）

25 室内装饰装修材料地毯、地毯衬垫及地毯胶粘剂有害物质释放限量（GB 18587—2001）

26 混凝土外加剂释放氨的限量（GB 18588—2001）

27 建筑材料放射性核素限量（GB 6566—2001）

28 室内装饰装修材料木家具中有害物质限量（GB 18584—2001）

29 民用建筑工程室内环境污染控制规范（GB 50325—2001）

30 中华人民共和国国家标准居室空气中甲醛的卫生标准（GB/T 16127—96）

附录 2　相关网站

世界卫生组织　　　　　www.who.int
美国环境保护署　　　　www.epa.gov
美国室内空气品质理事会　www.epa.gov/iaq
美国室内空气品质协会　　www.indoor-air-quality.org
加拿大空气资源局　　　　www.arb.ca.gov
美国安全协会　　　　　　www.nsc.org
丹麦室内空气品质　　　　www.iaq.dk

美国室内空气品质控制	www.iaqc.com
香港室内空气素质 资讯中心	www.iaq.gov.hk
中华人民共和国卫生部	www.moh.gov.cn
国家建筑材料测试中心 室内环境检测总站	www.cbmtc.com/zongzhan
中国室内环境监测网	www.zgsnhj.com.cn
环境与健康相关产品 安全所	www.hygiene.cn.net
中国环境在线	www.chinaeol.net
中国室内环境网	www.snhj.net
国家建材网	www.chinabmnet.com
室内环境网	www.snhj.net
中国室内环境治理网	www.chinaiaq.com
中国室内装饰协会	www.cida.net.cn
福建室内环境监测 治理中心	www.fjshnhjjc.com
广东室内环境监测 治理中心	www.gdsnhj.com
吉林室内环境监测 治理中心	www.jlict.com
深圳市康达室内环保 技术有限公司	www.iaq.com.cn
武汉室内环境监测网	www.whsnhj.com.cn
苏州室内环境监测中心	www.suhuan.com.cn
绿园室内环境检测中心	www.lyglyw.com
上海室内环境治理网	www.shioie.com/activity.asp
康卓气体系统网	www.airconsys.com
济康环境网	www.zikone.com
中国空调制冷网	www.chinahvacr.com

参 考 文 献

1　Zhang G. Q. et al. Research and Development of Indoor Air Quality in China. 2002. Proceedings of Indoor Air'2002 : Vol. 2, 1014～1019

2　Ventilation for acceptable indoor air quality. ASHRAE 62-1997. 1997. Atlanta.

3　办公室及公共场所室内空气质素管理指引,1999,香港

4　SHASE. 通风效率标准分委会. 关于"HASS102-1995 通风标准". 1995. 日本东京.

5　SHASE. SHASE 手册. 1995. 日本东京.

6　Maroni M. et al. Indoor air quality. A comprehensive reference book. 1995. Elsevier Science B. V, Netherland.

7　Wolkoff P. Volatile Organic Compounds-Sources, Measurements, Emissions and the Impact on Indoor Air Quality. 1995. Indoor Air - Supplements, No. 3.

8　Haghighat F. and Donnini G. l. Emissions of indoor pollutants from building materials-state of the art review. 1993. Architectural Science Review, 36, 13～22.

9　Fanger P. O. Introduction of the Olf and the Decipol Units to Quantify Air Pollution Perceived by Humans Indoors and Outdoors. 1988. Energy and Buildings, 12, 1～6.

10　Zhang G. Q., Haghighat F. and Chow, T. T. VOCs- – an indoor air quality issue in office buildings: A brief review. 1999. Proceedings of the Third ISHVAC: Vol. 1, 190～195.

11　Haghighat F., De Bellis L. Material Emission Rates: Literature Review, and the Impact of Indoor Air Temperature and Relative Humidity. 1998. Building and Environment, Vol. 33, No. 5, 261～277.

12　Knudsen H. N., Clausen G. and Fanger P. O. Sensory Characterisation of Emission from Materials. 1997. Indoor Air, 7: 107~115.

13 Haghighat F. and Zhang Y. "Modelling emission of volatile organic compounds from building materials-estimation of gas-phase mass transfer coefficient". 1999. Building and Environment, Vol. 34, No. 4, 377~389.

14 Haghighat F. and De Bellis L. Control and Regulations of Indoor Air Quality in Canada. 1993. Indoor Environment, Vol. 2, 232~240.

15 张国强、宋春玲、陈建隆、Haghighat F. 挥发性有机化合物对室内空气品质影响研究进展. 暖通空调,2001,31(6)

16 贾衡、冯义. 人与建筑环境. 北京:北京工业大学出版社,2001

17 刘君卓. 居住环境和公共场所有害因素及其防治. 北京:化学工业出版社,2001

18 杨维荣、于岚、张晓瑞. 环境化学(第二版). 北京:高等教育出版社,1991

19 孙胜龙. 居室污染与人体健康知识问答. 北京:化学工业出版社,2000

20 周中平、赵寿堂等. 室内污染检测与控制. 北京:化学工业出版社,2002

21 李焰. 环境科学导论. 北京:中国电力出版社,2000

22 金招芬、朱颖心. 建筑环境学. 北京:中国建筑工业出版社,2001

23 奚旦立、孙裕生、刘秀英. 环境监测. 北京:高等教育出版社,1995

24 夏玉亮. 空气中有害物质手册. 北京:机械工业出版社,1989

25 李明远. 微生物学与免疫学(第四版). 北京:人民卫生出版社,2000

26 余跃滨、张国强. 室内空气质量准则 标准的制定及比较. 2002. 中国环境科学出版社.《室内环境与健康》:170~175

27 Feng S. H., Zhang G. Q., Chen Z. K. and Tang G. F. Systematically Analyzing the State of Indoor Air Quality In Office Buildings. 2001. Proceedings of IAQVEC2001:Vol. 2,785~792

28 Zhang G. Q., Haghighat Fand Chow T. T. VOCs,Who shoule be concerned with? 2000. Proceedings of ACHRB:Vol. 1,P240~249